# 辊压压缩与木材渗透性

刘一星 审

孙耀星 齐华春 著

科学出版社

北京

# 内 容 简 介

本书针对与木材干燥和功能性改良密切相关的木材渗透性问题，结合作者取得的研究成果，向读者介绍一种兼顾效率的木材渗透性提升方法。

本书主要内容包括辊压压缩对细胞壁超微结构的改变、物理力学性能变异、形体变化规律、工艺条件对木材干燥含水率下降速率、药剂浸注深度和均匀性的影响等部分。书中内容对促进木材渗透性知识的传播和丰富渗透性改善方法，具有一定的学术价值。

本书可供木材科学与技术领域的科研人员、工程技术人员学习和参考。

**图书在版编目（CIP）数据**

辊压压缩与木材渗透性 / 孙耀星，齐华春著. —北京：科学出版社，2023.6
ISBN 978-7-03-075442-4

Ⅰ.①辊… Ⅱ.①孙…②齐… Ⅲ.①木材–渗透性 Ⅳ.①S781.33

中国国家版本馆 CIP 数据核字（2023）第 071236 号

责任编辑：贾　超 / 责任校对：杜子昂
责任印制：苏铁锁 / 封面设计：东方人华

科学出版社 出版
北京东黄城根北街 16 号
邮政编码：100717
http://www.sciencep.com

北京凌奇印刷有限责任公司 印刷
科学出版社发行　各地新华书店经销
*
2023 年 6 月第 一 版　开本：720×1000　1/16
2023 年 6 月第一次印刷　印张：10 1/2
字数：210000
POD定价：　98.00元
（如有印装质量问题，我社负责调换）

# 前　言

　　木材干燥和以药剂浸注方式的功能性改良，是现阶段实体木材加工主要的技术模式，产品质量和生产效率几乎完全依赖于木材自身的一种重要属性——渗透性。

　　木材渗透性是指液体(水分)进出木材的难易程度。干燥是水分逸出木材的过程，而药剂浸注木材的过程正相反；如何改善和提升木材渗透性，既是传统木材工业的技术需求，更是现代工业木材功能性改良的创新性拓展。

　　将改性剂注入木材并通过后续技术环节，赋予木材全新的性能，是林产工业中有效且成熟的木材功能性改良方法。本书提出一种高效、简捷的改性剂注入木材的新思路，以水溶性药剂为改性剂，研究液面下"辊压变形-变形回复"过程致改性剂瞬时注入木材的机理和工艺学特性。

　　任何一种有效的改性药剂，都要依附于将其合适地浸注到木材中去的方法，才能起到真正改变木材性质的作用。改性处理，赋予了木材防腐、阻燃、增强等新的功能，扩大了木材的使用范围、延长了使用时间；木材改性方面的研究工作，对缓解我国一定时期木材资源供应紧张的局面具有现实意义。

　　辊压压缩方法能够高效地实现改性剂对木材的浸注处理，为改性剂浸注木材提供了新思想，弥补了传统技术中常压法和加压法之间处理程度和水平的空间，具有较传统方法更明显的技术优势。

　　本书共 11 章。以微观构造探查和宏观性能测试作为研究主线，从辊压浸注机理、辊压浸注工艺特性、改性效能评价和木材性质变异四个方面，在多工艺条件下，研究了木材细胞微观构造的变异特征，测试和评价了处理试材的防腐、增强、尺寸稳定等性能，分析了"负压吸液"和纹孔膜破裂对改性剂浸注木材的协同效应。

　　书中还介绍了辊压法在木材干燥预处理技术上的应用以及取得的相应成果。

　　本书出版的意义：通过微观构造和宏观性能两个方向深入探究并系统揭示了辊压压缩法实现改性剂注入木材的基本原理，丰富了木材功能性改良中改性剂浸注的理论方法和技术模式，为这种简捷、高效的技术方法提供理论指导。

本书的相关研究成果得到了国家自然科学基金（31470022）、吉林省创新能力建设产业技术研究与开发专项（2020C027-2）和吉林省科技发展重点研发计划（20220202090NC）的资助，特致谢忱。

本书能够成稿，得到了东北林业大学刘一星教授和方桂珍教授全面、悉心的指导和深切的关怀，在此致以最诚挚的谢意。

书中引用了大量的国内外相关文献和资料，在此向其作者表示衷心的感谢。

限于作者水平，书中疏漏和不足之处在所难免，恳请读者批评指正。

孙耀星

2023 年 1 月

# 目　　录

# 第1章 绪 论

木材是人类最早接触和使用的材料之一。从火的使用、住所的建造、工具的制作，到近代对木质材料的精细加工以致现代人对木质材料居住环境的热爱和推崇[1]，人类走过了被动使用木材到主动研究木材的历史，人类进步的发展史上处处留下了木材的烙印和痕迹。随着人类对木材的认识和研究的深入，木材使用过程中的各种问题渐渐显露出来。木材因菌虫的侵蚀而败坏，丧失了使用功能，严重缩短了使用时间，使人们开始关注木材的防腐问题。比如人们为了修补木质建筑物，如房屋和桥梁，仍然要花费难以忍受的时间和精力。工业革命的出现和发展，对树木的采伐和木材的使用每年以前所未有的速度飞快增长。限于自然界中可供使用的木材材积数量和木材采伐速度与树木的更新速度不成比例，森林不再是取之不竭的木材仓库，同时，人类的生态环境也面临严峻考验；如何延长木材的使用年限开始受到重视。从使用经过防腐剂处理的木材建造的建筑物，寿命成倍增长这样的事实，人类逐渐认识到，木材防护处理是减少木材需求量的有力措施，是保护森林资源的有效手段。

一般认为，最早的木材防护技术，是从人们将桩木埋入地下的部分用火灼烧后，能明显地延长了使用年限开始的；公元前1世纪，中国人已经知道，用作建筑材料前，将木材浸泡在海水或盐湖水中，可防止细菌的侵蚀；1812年，熏蒸法处理木材第一次得到了尝试；1841年，Payne发明的两段法浸注木材技术获得专利(现在称双扩散法)，该法是用硫酸铁和硫化钙溶液先后浸注处理木材；1831年，法国人Jean Robert Breant将防腐剂在压力下注入木材并取得专利[2]。所有这些应该都是现代木材防护处理方法的雏形。经过防腐处理后，木材的使用寿命得到明显的延长，在温带地区，未经防腐处理的通讯电杆，只能使用6~12年，使用防腐油加压浸注处理后，使用寿命达45~60年；同样，防腐枕木可以使用35年以上，而未经防腐处理的枕木只能使用8~10年。木材防护技术的应用，对木材资源供应紧张局面的缓解起到了重要的作用。

## 1.1 木材防护浸注技术

任何一种有效的防腐药剂，都要依赖于将其合适地浸注到木材中去的方法，才能起到真正保护木材的作用。木材防护技术经过长期的实践和发展，形成了多种较为完善的浸注处理方法和处理工艺，木材防腐已经成为木材加工业的一个重要分支。

## 1.1.1　木材防护浸注方法

木材防腐工业中的浸注方法多种多样，其选择取决于产品的使用要求、木材性质（如树种、尺寸规格、含水率等），以及浸注药剂的性质等。浸注处理方法一般分为三大类：真空-加压浸注处理、常压浸注处理和其他处理方法。

### 1.1.1.1　真空-加压浸注处理方法

真空-加压浸注处理法[3,4]是木材防腐处理中最重要、最有效的工业处理方法。该法是将木材置入耐压的处理罐内，用压力将防腐剂注入木材。加压法需要一些专门的设备，包括各类泵、空气压缩机、真空系统和控制仪表等。木材防腐厂使用的加压处理罐，直径 1～3 m、长度 5～21 m 不等，有的罐内装有加热管线。

（1）Bethell 法

又称全吸收法或满细胞法，由英国工程师 John Bethell 发明。这种处理方法的目的是使防腐药剂充满木材细胞，所以，这种方法能保留最大数量的防腐剂。该法一般适用于水溶性防腐剂，载药量范围在 4～28 kg/m³ 之间，木材在处理后和使用期间易发生溢油现象。处理工艺分为五个阶段：前真空 1→加入防腐剂 2→升压保压 3→排出防腐剂 4→后真空 5。Bethell 法的操作示意图见图 1.1。

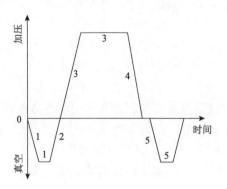
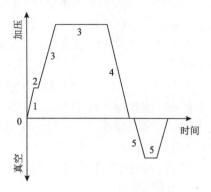

图 1.1　Bethell 法操作示意图　　　　图 1.2　Rüeping 法操作示意图

（2）Rüeping 法

又称定量法，是由德国工程师 Max Rüeping 1902 年创造的。长期以来，一直是广泛使用的克里苏油的加压处理方法。该种方法没有前真空，在加入防腐剂前有一个前空压，且在防腐剂加入过程中，空压压力不变；Rüeping 法可以以最小的载药量达到最大的浸注深度，处理材药剂含量少，载药量少于 Bethell 法的一半以上，且基本无溢油现象。处理工艺分为五个阶段：前空压 1→加入防腐剂 2→升压保压 3→排出防腐剂 4→后真空 5。Rüeping 法的操作示意图见图 1.2。

(3) Lowry 法

又称半定量法，是对 Rüeping 法的一种改良方法，1906 年由美国科学家 Cuthbert B Lowry 首次使用。处理的工艺过程见图 1.3，注入防腐剂 1→升压保压 2→排出防腐剂 3→后真空 4。图中可见，与 Bethell 法和 Rüeping 法相比，Lowry 法没有前真空或前空压，工艺上少了一个环节，缩短了生产时间，防腐剂是在常压下加到处理罐中去的，显然，处理材的载药量介于前两种方法之间，防腐材的处理效果好于 Rüeping 法，但弱于 Bethell 法，溢油现象较 Rüeping 法严重。

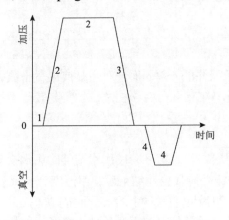

图 1.3　Lowry 法操作示意图　　　　图 1.4　MSU 法操作示意图

(4) MSU 法

为了改善空细胞加压处理法对水溶性防腐剂的适应性，1977 年，由美国密西西比州立大学林产品实验室的 William C Kelso 博士和佛罗里达州的 Escambia 公司合作开发出了改良的空细胞法——MSU (即密西西比大学的缩写) 法。该法在后真空之前，升高防腐剂的温度，来加速 CCA 防腐剂的固着速度；这种方法的特点是在防腐处理的后期，处理材在罐内被加热，木材内的水分大量蒸发，出罐时，含水率显著降低，无须重新干燥，可直接使用。操作示意图见图 1.4，处理工艺分为七个阶段：前空压 1→加入防腐剂 2→升压保压 3→第一次排出防腐剂 4→高于前空压升温 5→第二次排出防腐剂 6→后真空 7。

(5) OPP 法和 APP 法

OPP 法是 Oscillating Pressure Process 的简称，又称正负频压法。对于难浸注

或非常难浸注的木材，用 Bethell 法有时也很难得到理想的处理结果，1910 年法国的 Maurice Boucherie 博士提出了用重复的真空和加压周期可以改善木材渗透性的建议；1946 年，瑞典的 Sten Henriksson 研究了防腐剂在木材内流动的情况后发现，用压力将防腐剂浸注到木材中的速度，随着时间的延长而减少，但是，如果在浸注速度显著降低时，使防腐剂的流动方向与原来相反，并使其流动速度达到与原方向相近数值时，再将防腐剂按原来的方向压入木材，那么其浸注速度大大增加。如果这样的往返操作重复进行，即使对渗透性很差的木材也能得到比较好的处理效果。Henriksson 根据这种现象，提出了反复进行真空-加压的频压处理方法。该方法中，一次真空-加压为一个周期，周期数视处理材的质量要求、尺寸和含水率等因素而定，对于截面积大的湿材或生材，可能需要在 20 h 内进行 400 次以上的周期处理；而对于截面积较小的气干材，在 2 h 内 40 次真空-加压循环就可以达到要求。

APP 法是 Alternating Pressure Process 的简称，又称高低频压法。是对 OPP 法的一种改良，将 OPP 法中的真空改为常压，就变成了 APP 法，但所需设备较前者少。

OPP 法和 APP 法的优点：不但能处理难浸注的木材，而且对生材或湿材也能进行适当的处理。APP 法在我国曾用于处理马尾松和落叶松枕木，均得到较理想的效果。

(6) 两段处理法

两段处理法是将木材的防腐处理分为两段进行。第一阶段用水溶性防腐剂来浸注木材，第二阶段使处理后的木材干燥。第一阶段操作结束后，用温度为 85℃左右的热油充满加热处理罐，同时抽真空，可以除去木材中的水分而达到干燥的目的。该方法处理过的木材可立即投入使用，后期的热油干燥处理提高了水溶性防腐剂的抗流失性，木材尺寸稳定性也有所提高。

(7) 双真空法

又称低压法。在处理罐内将木材进行两次真空处理，具有两种工艺模式：一是前真空→常压→后真空；二是前真空→低压→后真空(低压为 0.2 MPa 左右)。该方法实际上是低压满细胞法。利用正负压转换促使防腐剂浸注，且压力不高，设备较简单(低压容器)，操作方便，非常适用于细木工板、门窗料、地板及其他人造板。

由于双真空法使用的压力较低，所以处理罐可制作成截面为矩形的容器，罐内空间利用率大为提高。该法一般使用油溶性防腐剂，处理后可直接油漆、安装，省去干燥过程。

(8) 溶剂回收法

该方法使用的处理药剂为油溶性防腐剂，压力浸注处理后，在处理的后期，将防腐剂的溶剂部分回收，而木材需要的毒性成分留在木材内；溶剂回收法处理的木材，处理产品表面洁净、处理材无须进行干燥即可使用，由于溶剂回收循环使用，使处理成本大大降低。

根据选用的溶剂不同，分为两种方法。

①液化石油气法 20 世纪 50 年代初期，美国科学家 Monie Hudson 博士将环烷酸铜或五氯苯酚溶解在石油馏出液中，加压处理木材，处理结束后，回收石油溶剂。这是溶剂回收法的首次使用。在 1955~1965 年，美国 Kopper 公司将液化石油气作为五氯苯酚的载体用溶剂回收法加压处理木材获得成功。在美国称这种方法为 Cellon 法，而在欧洲称为 Drilon 法。该法的处理工艺与其他加压处理法大致相同，由于液化石油气的可燃性，所以在加入防腐剂前和溶剂回收后，使用惰性气体清洗处理罐，使防腐剂进罐前的氧气含量和溶剂回收后罐中液化石油气含量减少到引起燃烧或爆炸的程度。

与其他的加压处理法相比，该法显著的优点是木材的处理时间短、药剂渗透更深更均匀、省去干燥环节、不会出现溢油现象等；由于增加了惰性气体的清洗环节，使得设备的投资增加，而液化石油气的安全使用也增加成本。这种方法主要是处理特殊用途的木材。

②Dow 法 由于液化石油气容易发生燃烧和爆炸，使得人们考虑代用溶剂的问题。1971 年，美国 Dow 化学公司的 James Dunn 和 Harold Liddll 用二氯甲烷取代液化石油气作为五氯苯酚的载体获得成功并取得专利。由于二氯甲烷的非燃性，所以不必用惰性气体清洗罐体，大大减少了保险费用，另外，二氯甲烷也可以用蒸气回收法回收。所以，这种方法又称为 Dow 法。

(9) 超高压法

对不耐腐的心材树种，当处理材的尺寸较大，如枕木、电杆等，心材又不易浸注时，通常的加压方法不能达到所要求的渗透深度和载药量，可选择将保压的压力大幅度提高的办法，使药剂在更高的压力下能到达心材位置。如柞木制成的枕木，当保压的压力为 1.0 MPa 时，只能浸透边材，压力提高到 2.5 MPa 时，心材几乎完全浸透。这种方法经过澳大利亚联邦科学与工业研究所林产品组 13 年的研究，于 1960 年在澳大利亚建成了第一个超高压木材防腐厂，处理罐的最高压力可达到 7.0 MPa。

超高压浸注法，对一些心材难浸注的针叶材树种并不适用，如红松；在超高压力下，药剂还未浸注到心材时，红松木材的外形和结构就出现了明显的变形和破坏。因此，在决定采用超高压法浸注时，必须考虑木材承受压力的能力，选用合适的压力，达到最佳的处理效果。

## 1.1.1.2 常压浸注处理方法

常压浸注处理法[5]是在大气压下对木材进行防腐处理。这类方法不需复杂的工业设备和烦琐的操作工艺，适用于对防腐处理的质量要求不高、加压处理法无法展开操作的场所，该方法处理的木材耐腐时间较短。

(1) 涂刷处理法

涂刷处理是一种简单的防腐方法，适用于干燥材和较小规格木材的防腐处理。在涂刷之前，木材必须充分干燥，将要涂刷的木材表面尽量洁净；涂刷次数越多，防腐处理的效果越好。需要注意的是，下一次涂刷应该在上一次涂刷的防腐剂干燥后进行，否则防腐效果不理想。涂刷处理使用的防腐剂为油溶性防腐剂和水溶性防腐剂，防腐剂用量：水溶性防腐剂或乳剂，$200\ g/m^2$；油溶性防腐剂，$150\ g/m^2$。锯口面、裂隙、榫眼结合部位易发生腐朽和虫蛀，对防腐剂的吸收量也大，应增加涂刷次数；心材面的涂刷量约为边材面的 3/4，光滑面的涂刷量为粗糙面的 1/2。

(2) 喷雾处理法

使用喷枪或喷雾器喷出的雾状防腐剂飘落在木材的表面来防止木材腐朽的方法。喷雾作业时，由于防腐剂可能离开木材表面向四周飞溅，造成防腐剂的损失(可达 25%～50%)和环境污染，因此只适用于数量较大的板材、原木，或是在涂刷较困难的地方。

(3) 喷淋处理法

喷淋法是对锯材施行的效率较高的一种防腐处理方法，当板材在运输机械上通过一段封闭的处理室时，防腐剂由上面喷淋下来或淹过木材的表面，流淌下来的防腐剂由处理室底部排出，并用泵打回贮槽，以便循环使用，这种方法的优点是效率高、处理材表面洁净。

(4) 常压浸泡法

常温常压下，将木材浸泡在防腐剂中，使木材吸收防腐剂。在室温下，有些防腐剂的黏度大，不易渗透，不适宜浸泡法防腐处理。在加热条件下，防腐剂的溶解度变大且渗透速度加快，木材防腐效率提高，因此，浸泡容器中装有加热器，以适应不同的防腐剂和不同季节的需要。浸泡时间、树种、规格尺寸、木材含水率、防腐剂种类及液温对处理材的载药量、浸注深度和均匀性都有影响。

根据浸泡时间的长短，浸泡法分为瞬间浸泡(数秒钟至数分钟)、短时浸泡(数分钟至数小时)和长时浸泡(数日、甚至 1 个月)。为缩短浸泡时间，可在浸泡容器中放置超声波或在防腐剂中添加表面活性剂，以减少防腐液与木材表面间的渗透阻力。

(5) 扩散法

借助木材中的水分作为药剂的扩散介质(载体)，根据扩散原理，药剂由高浓度(木材表面)向低浓度(木材内部)扩散，药剂被传送到木材的深层。因此，扩散法处理的木材必须有足够高的含水率(通常要求 35%以上)，以生材最佳；温度对药剂的扩散速度有显著影响，扩散法处理木材选择夏季较为理想。

高含水率木材表面施加高浓度防腐剂，并对木材进行封包、密闭，使木材和药剂处于恒湿状态。如可使用塑料薄膜将表面敷有药剂的木材封包置于不通风处，使药剂向木材深层渗透。

根据施加药剂的方法不同，又可分为如下几种工艺。

①浆膏扩散法　将浆膏或浓缩药液涂在木材表面，或木材短时间浸渍高浓度药液，然后封包养生扩散。

②浸渍或喷淋扩散法　将生材浸泡在高浓度的药液槽中，或用药液喷淋木材表面，使材面达到规定的载药量或喷淋量，再封包扩散。此法适用于新锯剖锯材的防腐处理。

③绷带法　在木材适当部位钻孔或锯切若干锯口，上面涂抹浆膏或浓缩药剂，并用防水布包扎覆盖，借助药剂浓度梯度，由表向内逐渐扩散，形成药剂保护层[6]。该法适合于电杆、桩木等与地接触木构件的保护处理。

④钻孔扩散法　在木构件的适当部位钻取小孔(直径 5～6 mm)，深度视实际需要而定，在小孔内灌注药剂，或置放粉状、棒状和浆膏状药物，然后用木塞、腻子堵塞小孔，药剂借助浓度梯度向内扩散。英国、德国和美国等，利用该法将八硼酸二钠栓剂放在易受潮的木结构部件内，如木结构房屋的木柱、门窗，以及电杆、枕木等的杀虫灭菌处理，将药剂扩散到门窗内部。

⑤双剂扩散法　使用两种或两种以上药剂多次对木材进行浸渍扩散处理，即木材经一种药剂浸渍扩散处理，随后用另一种药剂再次进行浸渍扩散处理，两种药剂相遇时，在木材内发生固着反应，形成不溶于水的沉淀物(或络合物)，从而提高了药剂的抗流失性。如将木材浸泡在 10%硫酸铜溶液中(90℃热槽浸泡 5～7 h，冷槽 10～14 h)，然后在 3%～5%的重铬酸钠和 2%～75%的砷酸钠溶液中浸泡 2 天，3 种化合物在木材内形成水不溶物，类似于 CCA 处理木材的原理。常用的双剂有：氟化钠-硫酸铜、硫酸铜-砷酸钠+重铬酸钠，以及 2 价铜的乙醇胺溶液-二甲基二硫代氨基甲酸钠。

(6) 热冷槽法

热冷槽法是常压法中最有效的处理方法之一。1967 年由 Charles A Seely 发明该方法后，直到今天，热冷槽法仍在很多国家和地区广泛使用。

该方法是基于气体的热胀冷缩原理，产生压力差。将木材置于热槽液体中加热，木材中的空气受热膨胀，同时木材中的水分也伴随蒸发，木材内部的压力高于大气压，空气和水蒸气从木材中排出，此时，迅速将木材从热槽中转移到冷槽液体中，木材由于骤然冷却，木材内残存空气冷缩，未排出的水蒸气也冷凝，木材内形成负压(低于大气压)，冷槽中液体(防腐剂)借助于压力差，渗透到木材中。

按照不同的处理工艺，热冷槽法有如下三种方法。

①双槽交替法　热槽、冷槽各一个[通常热槽与冷槽的容积比为(2～3)：1]。

木材先在热槽中加热一定时间，加热介质可以是防腐液、热油和热水，也可用热窑、低频、高频、微波来加热，加热到一定程度后，迅速转移至冷槽中冷浸(冷槽中盛防腐液)。该法处理效果主要决定于热冷槽温度差、浸泡时间，应尽可能缩短热槽转移到冷槽的时间，避免冷空气进入加热后的木材，影响木材的渗透性。

②单槽热冷液交替法　木材先在盛防腐剂的处理槽中加热浸渍一段时间后，将热防腐剂迅速换成冷防腐剂，浸渍处理木材。

③单槽放冷法　木材在盛防腐剂的处理槽中加热，达到一定程度后，停止加热，使防腐剂自然冷却至常温。

以上三种工艺，前两种处理方法所用时间较短、生产率高，热能循环利用，成本较低；后一种处理方法时间长，浪费能量，但由于木材始终浸泡在防腐剂中，无空气接触，木材内形成的负压不受空气的干扰和破坏，相对地，木材对防腐剂的吸收量和渗透度较高，处理效果较理想，另外，木材温度下降速度比较慢、均匀，木材不致出现开裂等缺欠。

防腐处理材的防腐剂吸收量、浸注深度和均匀性与热冷槽的浸泡时间密切相关，同时，木材树种、含水率和防腐剂的性质对此也有影响。一般热槽加热浸泡时间为 6 h 以上，冷槽时间为 2～4 h；若用单槽放冷法，冷浸时间可达 1～2 d。热冷槽法处理木材所需时间约为常温浸泡法的 1/5～1/3。热冷槽法适用于扩散型防腐剂，如以硼、氟为毒效成分的防腐剂。

(7)树液置换法

此法只适合处理活树和刚采伐的原木，利用树液的流动性来实现防腐药剂的浸注处理。

①落差式树液置换法　将新伐的原木(生材)基部端头固定一个帽型的罩，用橡胶管与高于地面 10 m 以上的贮液槽相连，利用液位差产生液压(静压)，药液从原木大头压入，挤压原木边材的树液，使树液从梢头溢出。

②树叶蒸腾置换法　保留新伐原木的部分或全部枝叶，将基部插入贮液池中，并将原木固定，借助枝叶的蒸腾作用，药液替补蒸发的树液，由基部向梢部逐渐置换。

③活立木树液置换法　树木生长后期(砍伐前 1～2 年)，在树干基部适当部位钻孔或锯切锯口(类似于钻孔扩散法)，将药液注入孔内，或在孔内置放粉状、棒状和膏状药物，防腐剂的有效成分溶于树液中，随同活立木树液的流动，将药剂带到整棵树木上。日本曾利用该方法用于人工林木材的染色处理。

④套管法(或压力帽法)　将汽车内胎或压力帽套在原木基部，注入药剂，在 0.3～0.5 MPa 的压力下，将药剂压入木材内，同时又借助树液的流动作用，替换树液。

⑤浸注罐树液置换法　由德国 Herman Gewecke 博士发明的防腐剂注入方法，

又称 Gewecke 法。将剥皮后的原木大小头同向装在小车上，在每根原木小头装上吮吸盖或帽，通过软管与总管相连，原木装入处理罐，关闭罐门，吮吸管由处理罐中引出与大气或真空泵相连。罐内通入防腐剂后，加压 0.85～1.2 MPa，原木的大头及侧面受压力作用，原木小头为大气压或抽真空，这样在原木的头尾之间形成较大的压力差，促使药剂沿着树液通道替换树液，从小头出来的树液或树液与防腐剂的混合液，可返回到处理罐或贮液罐中，定期加入有效药剂，以调整药剂的浓度，循环使用。

树液置换法所用防腐剂为水溶性药剂，防腐处理前，将防腐剂与处理木材的树液混和，无沉淀物产生才可使用。常用的药剂有 5%～10%的硫酸铜、3%～5%的硼氟合剂；处理季节 4～10 月份较好；从原木采伐到树液置换处理的时间间隔越短越好，一般不宜超过 3～5 天；处理时间较长，一般为 1～3 周。

### 1.1.1.3 其他防护处理方法

(1)熏蒸法[7]

气体的扩散能力比液体大得多，使用低沸点的防腐药剂加热后作熏蒸剂，在常温常压下能浸入木材内部，杀虫灭菌。熏蒸处理时，可将木材置于密闭容器内，或用塑料薄膜等材料包盖、密封，然后通入熏蒸剂，根据熏蒸剂分子量大小，通气管口置于材堆上方或下方，达到一定熏蒸剂浓度后，保持密封状态若干小时至若干天，保证熏蒸剂到达木材深层，杀死腐朽菌和木材害虫。处理结束后，先将材堆内的气体通向安全区域，放置一段时间后，才可接触材堆。常用的熏蒸剂有：磷化铝、氯化苦、溴甲烷、硫酰氟和硫代异氰酸甲酯。

(2)生物防治法

当木材发生虫害和腐朽时，利用侵害木材昆虫、真菌的天敌进行防治处理。如木材遭遇天牛危害时，可放飞肿腿蜂，捕捉天牛及其虫卵，杀灭天牛；在木材表面繁殖某些真菌(如变色菌、霉菌)，可以克制木材腐朽菌的繁殖。

(3)物理防治法

通过蒸汽、γ 射线照射等物理加热的方法，使木材的温度升高，破坏菌虫的生存条件，杀死菌虫或抑制其生长，达到防腐防虫的目的。该方法适用于木质手工艺品、古文物的保护。锯材经过人工干燥也能达到上述杀虫灭菌的效果。

## 1.1.2 木材防护浸注技术存在的问题

### 1.1.2.1 对木材的机械损伤

在真空-加压方法中，提高压力是提高木材渗透性的一种有效措施，但过高的压力，木材就容易发生崩溃或瓦棱纹的机械损伤。尤其对于针叶树材，当压力超过 1.8 MPa 时就可能出现类似的情况。

### 1.1.2.2　有效空间和能量的利用

经过真空-加压浸注处理法处理的木材的防腐效果远好于其他的处理方法，但此种方法设备投资大、操作工艺复杂，在放置处理材的加压罐内，铁轨和装载木材的小车在罐的底部占用相当大的空间，几乎要占到加压罐容积的 25%，而罐的弧形部分和支撑装载物的垂直支架又要占 25%，结果，加压罐的最大装载量只有罐容积的 50%。这就表示在浸注处理期间需要多余数量的防腐剂来填满这些无效的空间，并且，由于加压罐比较大，不仅需要较多的钢板，而且还需要用较厚的钢板以承受压力；另外，需要较多的能量和时间来转移这些过量的防腐剂，还需要额外的能量来制造所需的压力和真空。

### 1.1.2.3　处理材质量的非均一性

在真空-加压法处理木材过程中，在某个阶段，当防腐剂充满处理罐，而此时又需要抽真空时，处理罐底部的木材由于流体静压力的作用，很难达到与中上层木材相同的真空度，木材内的水蒸气和空气抽不出去，到下一个工序对处理罐加压时，水分和空气被压到木材内层，将阻碍防腐剂进一步的渗透，严重影响处理材的防腐质量。

### 1.1.2.4　处理时间长、效率低

在几乎所有的常压防腐处理方法中，处理材要达到一定的防腐效果，耗用的时间较长，所花费的时间，有的是贯穿整个操作过程，有的是操作过程结束后，陈放一段时间以后，处理材才具有相应的防腐功能；而且，常压处理法处理的木材的防护作用大部分是初级的、短时间的；在使用期间，还需要进一步的强化和修补。对于加压防腐处理法，罐体直径 2 m、长度 20 m 的加压处理罐，从木材进罐处理到出罐，一个工作日，一般情况下，只能处理两罐；如果加上木材进罐前后干燥处理等工序所花费的时间，防腐处理材从制材加工开始到投入使用，大约要花费 1.5～2 个月的时间，甚至更长。由此可见，与常压处理法一样，加压处理法花费的时间长，生产效率是很低的。

## 1.2　木材防护浸注技术的研究进展

室内外使用的木材及制品，因受雨水、风沙、日光、土壤的侵染及温度变化的影响，会发生腐朽、霉变、开裂、变形、火灾危险性增大等问题。由此需要对

木材进行防腐、防霉、防虫、阻燃、尺寸稳定性等处理。

实际生产中木材的防腐处理方法主要有两种，常压法和加压法。前者主要用于对处理材质量要求不高、处理量小、处理材的耐久时间短等场合；后者多用于木材尺寸大、要求药剂浸渍深、生产量大等场合。

即使是加压处理法，也存在着处理材药剂浸注深度不够、分布不均匀、生产效率低等问题，在工艺上虽存在后真空过程，留存于细胞腔中的药剂被吸走，但对于存在于细胞壁空隙、细胞间隙中的药剂(不能充分利用)不能吸出木材体外，造成药剂的浪费，增加成本。

为提高处理材的浸透性和浸透深度[8]，针对木材防腐处理过程中存在的种种问题，多年来，国内外的研究人员在进行渗透机理[9-17]研究的同时，对如何提高防护药剂对木材的可浸注性，提出了很多方法。

(1) $CO_2$ 超临界流体处理木材技术

Demessie E S[18]等使用二氧化碳或其与甲醛的混合体研究超临界流体处理对花旗松心材气体渗透性的影响，认为，三分之二试样的渗透性得到改善和提高，这似乎与温度、压力的变化及助溶剂无关，表明状态单一，对抽提物有增溶作用，部分试样渗透性降低可能是因为溶解的抽提物重新析出。Morrell J J[19]等介绍了二氧化碳超临界流体处理木材技术，认为此法几乎能用处理剂处理所有树种木材而对处理材无明显不良影响，与现行浸注处理方法相比，该方法不但同样有效而且拓宽了药剂的使用范围，虽然还需做进一步的研究和实验，但必将是 21 世纪最具革命性的木材防腐处理方法。

(2) 木材激光刻痕法

为改良难注入木材的注入性，可采用高密度激光刻痕法。该法不破坏木材组织，且使药剂更容易注入[20]。安藤惠介[21]对爪状刀具刻痕法和激光刻痕法针对柳杉、日本扁柏、花旗松、美国铁杉四个树种的柱材进行了对比研究，后者浸注到木材中的药液比前者多 50%以上，并可通过在木材上的刻痕位置调节药液的注入量；同时研究了刻痕深度和激光照射条件及激光刻痕对木材强度的影响。中嶋恒[22]研究了脉冲激光照射次数对在木材表面形成的孔穴形状的影响，认为，输出功率低，全照射时间长，照射次数对孔深没有影响；但输出功率高，全照射时间短，随着照射次数的增加孔穴越深，此外照射 1 次，输出功率低全照射时间长的孔穴较深，但这个差别随着照射次数的增加而变小，结果表明，全照射时间短的场合，与脉冲照射一次相比，还是照射多次可以穿更深的孔穴。

(3) 低压水蒸气爆破法

森下滋[20]于 1993 年提出，在密闭容器中使用水蒸气对木材进行加压处理，通过突然降低容器内水蒸气压力，迫使木材内的水蒸气在瞬间冲出木材，来改善木材的渗透性。低压水蒸气爆破法，可破坏闭锁的纹孔，改进胞间通导性而改良透过性，电子显微照片表明爆破处理后纹孔部分有选择性的破坏[23-27]。

(4)压缩前处理技术

木材防腐处理，对心材和难浸注材，药液均匀地注入木材内部、到达一定深度较为困难，可在加压前，先将木材进行横向压缩，应力集中于特异的纹孔部位，纹孔周边和纹孔膜有选择性的破坏；研究认为，除气干材切向强度外，不致使强度明显下降，改善了渗透性[20]。酒井温子[28]用含水率12%～18.5%的花旗松、柳杉和美洲花柏心材，在高压压机中对气干试件作横向压缩实验，对残留变形状态的试件注入染色液，测定注入量，实验表明，压缩处理后注入量有显著的增加；为了获得高注入量，试件在液体中的尺寸回复量必需大，多数情况下，回复可达压缩前的90%；大型气干材压缩率宜在含水率30%～40%以下，处理后静曲弹性模量的降低不到10%。饭田生穗[29]用七种针阔叶材研究压缩法对木材渗透性的改善效果，其结果是压缩材的渗透量和未压缩材相比，同一压缩率下增加的程度随树种差别很大，改变温度和含水率后压缩材的最大吸液量，对于杉木饱水温度80℃时达到最大值，对于铁杉在饱水温度80℃下压缩的吸液量小于30℃时的吸湿量。最佳处理条件随树种而异，最大吸液量有差别的原因可用压缩时试件含水率、温度不同时的尺寸复原能力不同来解释，最大吸液量和尺寸复原率之间呈线性关系。从SEM观察到闭塞纹孔被破坏，导管内的侵填体也被破坏，这些破坏对加速液体渗透有促进作用。安武温子[30]在进行药剂的渗透性研究时，选择浸透性较差的美国松心材，材料端面100 mm×100 mm、长度1000 mm，分别锯切700 mm及300 mm长度的材段。长段材压缩率为40%，两块试材进行加压注入药剂，注入后进行干燥。将干燥材横向从中间锯开，观察药剂浸透状况。实验结果表明，长段材内药剂充分浸透到中心部位，保持较高的药效。因而，压缩法可提高防腐处理性能。

(5)热水(汽)处理法

对于针叶树材，热水(汽)处理可除去覆被于纹孔上的阿拉伯半乳糖胶等物质，开放闭塞的纹孔对，从而改善了渗透性；蒸煮处理的处理强度越大，改善渗透性的效果越大，电子显微照片表明蒸煮处理后有开裂的纹孔塞[31]，同时热水(汽)对木材的抽提作用也不容忽视。

(6)震荡加压处理法

Flynn K A[32]在1994年研究了在对木材进行加压处理的同时，施以震荡的方法。用5种不同的震荡时间表进行研究，云杉气干材和生材(约纤维饱和点)用最高压力为9.76 kg/cm²与14.65 kg/cm²处理，处理效果是根据药剂的吸收量、径向与弦向的透入度来评价，发现防腐剂的透入度与吸着量有明显的增加。1996年[33]，使用5种不同的防腐剂对云杉材进行震荡处理，观察药剂在具缘纹孔内的分布情况。显微镜观察证实，具缘纹孔内部的防腐剂分布很好，同时弹性模量无明显降低，此种处理方法可促进药剂在闭塞部位中的分布。

(7)酶剂、微生物、细菌处理法

1993 年 Militz H[34]应用不同的酶，预处理云杉柱材和锯材，随后加压浸注木材防腐剂，研究表明，酶预处理明显改善了处理材吸收防腐剂的能力和防腐剂在处理材中的渗透性，采用不同的酶的混合物的加压处理大多十分成功；同时探讨了酶破坏细胞纹孔的机理。同年，Militz H[35]又使用三种不同的处理剂对云杉进行预处理，云杉木材①经酶制剂处理，具缘纹孔的纹孔塞部分破坏，纹孔塞缘微纤丝破坏，渗透性明显改善；②经热态草酸盐处理，纹孔塞缘微纤丝降解，但不损及纤维素结构；③经冷态碱处理，具缘纹孔的纹孔塞破坏，但渗透性并无改善。Despot R[36]等研究了厌氧菌对增加杉木渗透性的作用。将长 6 m 的试件分为三组，一组不浸泡，另两组置于水溶液中浸泡一个月和两个月，然后气干，将试材锯成小试样，并用加压满细胞浸注法浸在无机盐中。研究表明，浸泡处理只提高边材的渗透性，对心材无影响。浸泡一个月和两个月试材的边材渗透性比未浸泡者分别提高了 3.17 倍和 3.9 倍。渗透性提高的木材使水溶性无机盐驻留性和渗透性也同时提高，驻留性分别提高 73%和 75%，边材横向渗透性和纵向渗透性远远大于未处理的试材，处理试材边材的抗压强度(顺纹方向)没有明显降低。Dai S[37]等研究了柳杉原木中的微生物生态系统及下池后柳杉木材试样的纹孔膜变化。入池 9 个月后原木心材中的细菌数目没有增加，但原木边材、心边材交界处细菌数目在入池之后立即增加。许忠坤等[38]将培养得到的交链胞和多毛胞两种微生物接种到杉木木材上，处理 90 天后，木材液体渗透性提高 50%以上；微生物处理对心材没有作用，改善杉木渗透性主要表现在边材；前 6 h 的单位体积吸水量占总吸水量的 55.3%～60.5%，24 h 后吸水量差异甚微。

(8)声波和超声波处理法

在对木材进行加压处理的同时，施以声波和超声波的作用，也是改善木材渗透性的一个研究方向。Nair H U 等[39]使用花旗松与美国西部黄松试材在加压处理的同时附加声波的作用，实验结果与常规加压处理作比较。当连续加压处理 1.5～2 h，花旗松声波处理的药剂吸收量优于常规处理。这种连续处理对花旗松试材能达到饱和，溶液一直能进入到木结构内部，而常规处理条件下，则是无效的。而这种处理方法对美国西部黄松试材不太理想。研究结果表明，声波处理，对加压处理方法的改善，以及对难处理树种木材的处理，提供了很大的可能性。Wheat P E 等[40]采用超声波技术，用防腐剂浸渍处理木材。所用白云杉以氟化钠饱和溶液浸渍后，木材内液体的流动性增强，在 47 kHz 超声波时，氟化钠离子的吸收量也增加。

(9)离心转动处理技术

这是一种最新的木材处理技术——在离心分离机中浸渍木材。Xic C J 和 Jin

L[41,42]介绍了离心传动机的组成机构：圆筒杯状壳体(内设带底板的支撑浮子)、与圆筒杯同轴固定并通过弹性件与壳体的侧壁和底板相连的可转动挠性连接、对称于转动轴安装的圆筒式浸渍室及其传动机构。研究认为，在常压下的离心浸渍使木材对药剂的吸收量增加。

(10)快速变动压力法

Kumar S[43]等在不同含水率条件下的湿木材，采用突然升高和释放压力的不同压力处理方法。研究结果与采用同样压力和时间周期的传统的满细胞压力处理法相比较；认为，快速变动压力法是处理具有高处理性能湿木材的简便和快速的方法，不仅防腐剂在木材中的留着量较高，而且在木材中的分布更为均匀。

木材经过防腐处理，明显地延长了使用年限、提高了使用性能，对结构材、室外用材是不可或缺的方法。当代人比以往任何时期都更向往自然，在日本有60%的人们对回归自然有强烈愿望，由于木材具有的优良的环境学特性[44]，希望住宅木质化的人数超过了70%[45]。近几年来，木结构房屋[46]已进入中国，建造森林别墅渐成时尚，公共场所的木结构设施逐渐增多，结构材、室外用材的用量在急剧增加。传统的木材处理方法，耗时长、设备结构复杂、精度要求高、处理效果一般，为了提高药剂的浸注效果，多是在进行加压处理的同时，辅以上面提到的种种办法，反而使现有的处理工艺变得更加复杂，且多数仅处于研究阶段。研制新的木材浸注处理方法，已成必然。

# 1.3　辊压技术的研究和应用

辊压技术在木材工业生产中得到应用的典型例子是胶合板生产车间单板涂胶工序中使用的胶黏剂涂胶机。在简易的涂胶机上，一对金属圆辊上下配置，下辊位于胶槽中并与电机相连，通过压辊的转动将胶黏剂均敷于辊面上，根据单板的厚度和胶黏剂的浸注深度调整两辊的间距，单板在压辊的挤压带动下进给并完成涂胶工序。

在木材防护技术研究中，辊压技术曾用于真空-加压法的压缩预处理，Gunzerodt H 等[47]对含水率为20%的气干云杉和冷杉木板进行压缩率为6%、9%、10%和12%的定向压缩，进给速度设定为 800 mm/s、1000 mm/s 和 1500 mm/s，然后将木材置于加压处理罐中使用 CCA 防腐剂按照 Bethell 法加压浸注处理；结果显示，防腐剂的注入量有所提高，渗透性极不规则，早材的弹性回复大于晚材。吴玉章等[48]研究认为，木材经过辊压预处理并真空-加压浸注 PF 树脂后，与未进行辊压预处理的木材相比，质量增加率提高且变异性减小，质量增加率在纤维方向的分布更趋均匀，变形回复率明显降低，说明辊压预处理改善了树脂的浸注性和均匀性，有利于变形的固定。Adachi K 等[49]使用压辊对高含水率的雪松单板施行辊压脱水干燥处理，研究认为，水分的脱除量与压缩率有关，60%压缩率时，水分脱除量为 400 kg/m³，辊压处理后，试材水分含量的分布更为均匀，厚度方向的尺寸不能完全回复到辊压前的状态，低温下，高压缩率对尺寸变化的影响更为明显，试材的抗弯强度随压缩率的增加而降低。Gunzerodt H 等[50]对辊压处理和热水浸泡处理山毛榉心材的干燥性和可处理性进行了对比研究，辊压处理能够促进山毛榉心材的渗透性和提高防腐剂的注入量，而对干燥性无显著影响，热水浸泡处理能改善处理材的干燥性，尤其是在径向，但对渗透性影响很小；电子显微镜观察显示，辊压处理使木材中的导管分子出现了变形、破裂、溃损等破坏性迹象，这些损坏为水分的流通提供了新的渠道，而热水浸泡处理对木射线等薄壁细胞有一定的水抽提作用，改善了木材的干燥性能。Berzin's G V 等[51]将经过氨水处理的桦木在一系列的压辊中进行径向和弦向压缩并侧向有约束的辊压处理，然后进行干燥，处理材的变形得到永久固定，处理材的密度达到 1.3 g/cm³。

综上所述，关于木材防护浸注处理技术，国内外学者已开展了广泛的研究，处理方法已达 10 余种之多(本书 1.1)，但是，从进一步提高生产效率、提高处理效果的角度来看，以往的方法尚存在一定的问题(本书 1.2)，辊压技术已经开始受到人们的重视，如用于木材防护处理的压缩预处理，但至今国内外直接使用辊压法进行木材防护浸注处理的研究尚未见报道。

# 1.4　本书的研究内容

本书在总结前人研究成果的基础上，使用一种全新的木材防护浸注技术——辊压法对木材开展实验研究。木材是一种由细胞构成的天然的高分子复合材料，具有黏弹性；木材内的细胞绝大部分呈长条形、纤维状，长宽比大，细胞的排列接近平行于树轴方向。在高含水率条件下，木材分子受到垂直于纤维方向的机械压力，木材细胞被横向压扁，细胞腔变小或消失；在离开压辊的瞬间，由于细胞回弹而形成真空状态，处理药剂被吸进木材内，造成一定的浸注深度和浸注量，达到处理木材的目的；该研究使用的浸注药剂以水溶性为主，常温下被处理材在压缩-注液的处理过程中封闭在药液中进行，与空气完全隔离。

辊压浸注处理是在常温条件下高效快速处理木材的方法，原料是剖成一定尺寸的含水率较高的板材(湿材或生材)，特别适用于数量越来越多的速生材树种，作业环境温和，原料来源极为丰富。与文献中提到的木材防护浸注处理的其他方法相比，辊压浸注处理法的特点在于：①巧妙地利用上述"吸入"作用，处理时间极短，效率高，可连续化生产；②从湿材、生材直接进行加工，省去木材预干燥过程，节省大量能源；③在机械压力作用下，木材细胞被瞬时压扁，胞壁纹孔被压溃，木材浸透性大为改善，药剂浸注深且均匀，从而提高处理材的耐久性和防护质量；④后期的再次辊压处理不仅能排除多余药剂，循环使用，降低成本，且能将药剂压入深层，显著改善木材的干燥性能；⑤在常压下即可进行，作业环境安全，省掉昂贵的高压处理罐设备和加压、抽真空设备，能量消耗少，成本显著降低。

　　研究中以我国大量蓄积的速生材大青杨、易受蓝变菌侵蚀的针叶树材杉松冷杉和典型硬阔叶难干树材柞木为实验试材，在常温和饱水状态下，进行不同压缩方向(径向和弦向)、不同压缩次数、不同压缩率(10%～50%)的辊压处理。具体研究内容如下：

　　(1)辊压处理机理

　　分别以大青杨、杉松冷杉和柞木为试材，以扫描电子显微镜和 X 射线衍射仪在超微观构造层面对辊压处理材的构造特征变异进行测量、观察和分析，利用DMA 技术研究辊压处理材的动态热机械性能及化学组成的变化，分析负压吸液效应和木材微观构造变异对药剂注入木材及在木材内扩散的协同作用机理。

　　(2)工艺学特性

　　主要以大青杨为试材，测试不同辊压浸注处理工艺对木材含水率变化、药剂浸注深度的影响，并与真空-加压法、常温浸泡法开展比较研究；研究全干、气干和饱水三种状态下，辊压处理材的尺寸回复特性-形体变异(木材材积变化)规律。

　　(3)辊压处理性能评价

　　对大青杨和杉松冷杉试材进行辊压浸注水溶性防腐剂和小分子树脂，通过真菌侵染和性能测试等试验，研究辊压浸注方法对提高木材防护性能和物理力学性能的相关性；对柞木试材进行辊压预处理，测试处理材在干燥过程中含水率变化差异，研究缩短木材干燥时间的可行性。

　　(4)木材性质变异

　　测试和计算三种试材辊压处理前后在物理性质、力学性质等方面的差异，分析辊压处理对试材的负面影响；研究微观构造变化和宏观性质变异的相关性，总结辊压工艺条件、木材微观构造变异、材性变化的相关制约机制。

# 第2章　基本原理和分析方法

## 2.1　理论基础

　　垂直于木材纹理方向的压缩称为横纹方向压缩,简称横纹压缩。木材横纹压缩分为两种不同的加载方式,外加载荷作用在整个试件的表面,或是作用在试件表面的一部分,又称为全部受压和局部受压,后者的抗压强度高于前者;根据作用力的方向与木材纹理方向的关系,可分为径向受压和弦向受压。

　　木材受到垂直于纤维方向的作用力,在平行于荷载的方向上,木材的尺寸要发生变化。在单位长度上所产生的变形称为应变,为抵抗载荷的作用,木材单位面积上所产生的内力称为应力;木材受到横纹压缩,载荷与变形的关系,可通过应力-应变关系进行表征。在木材横纹压缩的应力-应变图上,在比例极限(弹性极限、屈服点)以下,木材的应力和应变是呈正相关关系,而越过比例极限的横向压缩只能将木材进一步压实,并不像木材的其他力学性质那样,存在真正的木材横纹抗压强度[52]。

　　根据木材横纹压缩大变形理论,木材受到横向压缩时,木材变形分为三个阶段:①细胞发生微小变形,应力与应变成比例关系的阶段;②在越过屈服点之后较宽的变形范围,细胞逐渐被压溃,胞壁发生向腔内塌陷的弯曲和压屈变形,应变迅速增大而应力仅略有增加,应力-应变曲线趋于平坦的阶段;③压缩进行至原来对面的细胞壁相互接触,细胞腔被完全充填,细胞壁实质物质被压缩,应力随应变的增加而急剧增大的阶段[53]。木材辊压处理是对木材施行越过屈服点的横纹大变形压缩,应力-应变关系应遵循上述规律,参见图2.1。

## 2.2　技术原理

　　辊压浸注处理法是在木材横纹压缩大变形技术[54]、木材表面压密技术[55-57]和为提高木材的浸注性而施行的前(预)压缩处理技术[58]的基础上提出的。辊压处理是对木材施行进给方向与纹理方向相一致的动态横向压缩。液面下,有一对上下配置可调整间距的压辊[59],木材在进给过程中,经过上、下压辊的挤压,厚度方向尺寸变小，木材空隙内的空气和水分被排除木材之外，随着压辊的转动，受压部位要离开压辊，在离开压辊的瞬间，木材这种多孔性材料要进行厚度方向变形的回复，由于整个操作过程是在处理药剂的液面下进行，在木材内部要形成一定的真空，靠这种真空作用将处理药剂吸入木材；所以，这种方法又称为药液置换法；当然，经辊压处理后，木材的渗透性得到显著改善，也将对处理药剂的浸注起到促进作用。木材辊压处理法的原理参见图 2.2。

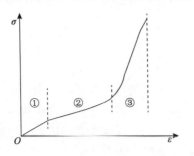
图 2.1　木材横纹压缩大变形应力-应变关系

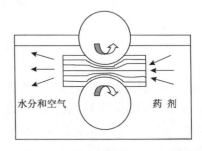
图 2.2　木材辊压处理法原理示意图

木材内除一部分细胞壁物质外，其余部分是被水分(水蒸气)、空气、无机物质和内含物占据的细胞腔和细胞间隙，而木材内的水分又分为自由水和吸着水，木材辊压处理的瞬间，宏观上木材的横向尺寸变小，微观则是木材内的细胞腔和细胞间隙被压扁，其中的一部分自由水和空气被挤出木材，木材离开压辊时，被压扁的细胞腔和细胞间隙要恢复到原来的形状和尺寸(不是完全的弹性回复)，木材内的空隙出现负压，大气将把药剂压挤到细胞腔和细胞间隙中。在压缩木材过程中，木材细胞壁上的纹孔(液体出入木材的主要通道)可能受到破坏，细胞壁的个别部位可能出现裂隙，这些都将显著地改善木材对液体的贯透性和吸附性能。

根据木材流变学原理，木材既有弹性，又有塑性，受到外力作用时有 3 种变形，瞬时弹性变形、弹性后效变形和塑性变形[60,61]。对木材辊压处理这种远远越过比例极限的大变形压缩，处理材离开压辊的瞬间，瞬时弹性变形即刻回复，弹性后效变形随着时间的延续也会逐渐回复，而塑性变形则无法回复。所以，木材经辊压处理后，在平行于荷载方向上，处理材的尺寸要变得小一些。在未来的木材工业中，如辊压法能成为一种浸注处理木材的手段，要考虑为这种尺寸变化留有余量。

## 2.3　压缩率的确定

木材辊压处理时，表征压缩程度的压缩量的选取非常重要。它不但影响辊压处理材的物理力学性质，而且也涉及到辊压浸注处理材处理药剂的浸注深度和浸注量，直接影响处理材的防护性能。压缩量的大小用压缩率来表示，计算公式如下：

$$C = \frac{T_0 - T_C}{T_0} \times 100\%$$

式中：$C$——压缩率，%；

$T_0$——压缩前木材厚度，mm；

$T_C$——压辊间距，mm。

木材是一种多孔性的高分子材料，木材密度不同，其体积空隙率(木材在绝干状态时其空隙体积占总体积的百分率)也有很大差异；由于木材辊压处理的瞬间主要是木材空隙的体积被压缩变小，所以木材的体积空隙率将决定压缩率的大小。毋庸置疑，体积空隙率相对较小的木材，压缩率太高，将把木材压溃，处理材的力学性能将显著下降。

木材的体积空隙率可以通过木材的实质密度和绝干密度求得[62]，也可使用由显微镜、摄像传感器和计算机联机组成的现代数字图像动态采集测量系统获得更为精确的数值[63]。这里以大青杨为例，利用木材显微构造特征参数的数字化测量方法，确定其压缩率。在生物显微镜下观察其横切面，大青杨为阔叶散孔材，主要是由导管分子、木纤维细胞、木薄壁细胞和木射线细胞等中空部分的细胞腔(由于染色的原因，木射线细胞的胞腔颜色变深)与它们的细胞壁组成的。利用数字摄像传感器直接获取切片的数字图像并存储于计算机中，使用基于数字图像处理技术的彩色图像分析软件对横切面图像进行二值化处理，二值化的结果是非实质物质(导管腔、木纤维腔、木薄壁细胞腔等)都标记为被测目标，即图 2.3 中左图的亮场和右图的暗场部分，计算被测目标面积占总面积的百分比，得到的即是木材的体积空隙率。通过测量和计算，大青杨的体积空隙率为 50%～55%。

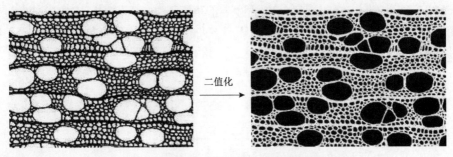

图 2.3 大青杨横切面构造特征参数的数字化测量

木材的空隙体积在不同环境条件(空气湿度、温度)下是被水分(水蒸气)和空气共同占据着；考虑到细胞的内含物、因含水率变化引起的尺寸胀缩、计算的误差、泊松效应(与平行于压缩方向的尺寸变化相比，这种尺寸变化是很小的)及压缩的安全性等因素的影响，在保证木材力学强度不遭受明显破坏的前提下，使用大青杨进行辊压法试验时，压缩率可尝试取 50%及以下，认为是合适的。

# 2.4　实验方法

本书实验中使用的试材树种为大青杨（*P. ussuriensis* Kom.），采自吉林省上营森林经营局正阳林场，原木长度 6000 mm，直径 400～600 mm。大青杨材质轻软、易遭菌腐[64]、力学强度低，是进行压缩实验的理想树种[65]。根据不同实验项目对试材尺寸的要求，锯制成多种规格的标准的径切板和弦切板。

辊压处理前，大青杨板材需进行水分饱和处理（以下简称饱水处理），饱水处理是将试材置于常温的密闭容器的水中反复进行常压-减压处理后，常温常压下浸泡 10 天以上，直至被水分完全饱和。辊压处理的木材选择为饱水材，对未进行过大气干燥和人工干燥的湿材或生材直接进行辊压处理，减少加工环节和降低生产成本。更重要的是木材在高含水率下，分子链之间的距离增大，分子间的结合力减弱，木材得到充分的软化作用，当受外力作用时，分子链产生相互间的错位滑移，变形更易实现[66]；而随着含水率下降，木材发生干缩，分子链之间的引力增大，内摩擦系数增高，木材力学强度增大，当受外力作用时，分子链之间的滑移较为困难[67]。当外加载荷大于木材的内应力时，木材会被破坏。木材辊压处理的瞬间产生泊松效应[68]，高含水率条件下的泊松比大于低含水率，也说明高含水率的木材刚性变小，韧性变大，脆性减小，黏滞增大。可见，选择饱水条件下辊压处理木材，也是为了把力学强度的损失降到最低点。

辊压处理是对木材施行垂直于纹理方向的侧向无约束的横向压缩，鉴于圆木的结构和板材的加工特点，辊压处理时，木材的纹理方向与板材的进给方向一致。为考察不同的压缩方向对辊压处理材材性变异的影响，根据辊压方向与试件生长轮的位置关系，对实验试材采用两种压缩方向：径向压缩和弦向压缩，如图 2.4，对径切板施行的是弦向压缩，对弦切板施行的是径向压缩。

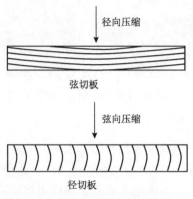

图 2.4　试材年轮与压缩方向的关系

本节中的实验方法是本书各项实验中共同遵循的实验方法，各项实验中对实验方法的其他要求见该部分的具体介绍和说明。

# 2.5　主要分析方法

## 2.5.1　X 射线衍射技术

当高速运动的电子撞击到金属靶上时，靶面上被电子撞击的部位产生电磁波辐射，辐射中的一部分就是 X 射线。X 射线打在物质上，将会产生各种复杂的物理、化学和生化过程，可能引起多种效应。例如用 X 射线照射木材，可以增加木材表面的自由基数目，从而产生降解作用。

衍射是由于存在着某种位相关系的两个或两个以上的波相互叠加所引起的一种物理现象，相干波在空间某处相遇后，因位相不同，相互之间产生干涉作用，引起波的加强或减弱[69]。

晶体是由原子或原子集团等按照一定规律在空间内有规则排列而构成的固体。当它被 X 射线照射后，各个原子散射 X 射线，这些散射线符合相干波的条件，因而产生干涉现象。X 射线衍射就是研究这些散射波的干涉，衍射线是经过相互干涉而加强的大量散射线所组成的射线。由于大量原子(或分子、离子)散射波的叠加，互相干涉而产生最大限度加强的光速称为 X 射线的衍射线。

利用 X 射线衍射研究纤维素的结晶结构时，是根据衍射最强点的强度和位置，测出纤维素纤维晶体分子链中的晶胞大小和结晶度等。

经 X 射线照射后，无定形高聚物和结晶高聚物的 X 射线衍射图是不一样的。结晶结构呈现清晰的衍射环或弧形，而无定形结构呈的环是十分扩散且不明晰。X 射线衍射图呈现大量的明显斑点，显示物质的结晶结构良好；如果斑点扩大为弧，弧扩大为环，表明纤维的取向度逐渐降低；如果呈现晕圈，则说明是无定形结构。木材是一种天然生成的由几种高聚物组成的有机复合体，其结构中纤维素质量约占木材细胞壁物质的 50%，且具有两相结构——结晶区和无定形区。木材样品的 X 射线衍射图中显示的干涉点或干涉环，认为是细胞壁中纤维素分子形成的结晶区所致，同时见到的干涉点或干涉环背层分散的晕，是由于纤维素分子的不规则排列，即无定形区所造成。由于木材细胞壁中的纤维素有结晶结构存在，根据 X 射线衍射图可以计算出纤维素的晶胞参数、晶区大小、结晶度、取向因子[70,71]等数据。

纤维素在木材细胞壁中呈微纤丝状，是由纤维素分子链组成的长束，束间略成平行排列。经 X 射线研究，纤维素是由结晶区和无定形区连接而成的二相体系，在结晶区内，纤维素分子链的排列具有一定的方向性和规则性，呈现清晰的 X 射线衍射图，其结晶结构属于单斜晶系，相邻的结晶区之间为无定形区，但结晶区和无定形区之间无明显的界限，彼此间的过度是渐变的[72]。结晶区占纤维素整体的百分率称为纤维素的结晶度。结晶区和无定形区的比例、结晶的完善程度随纤维的种类、纤维的部位而异。在纤维素纤维的微细结构中，结晶度是描述纤维素超分子结构的一个重要参数。由于将纤维素从木材中分离出来并保持其天然状态是很难的，在结晶度的测量中，都是求得木材纤维素的相对结晶度。

测定纤维素相对结晶度的方法有多种，如红外光谱法、反向色谱法、核磁共振法、差热分析法、密度法等。其中，X 射线衍射法是测定木材相对结晶度的一种较准确的方法。

X 射线衍射结构分析时，晶面的确定非常重要，晶面是指通过原子的平面。在使用 X 射线研究木材的结晶结构时，(002) 面和 (040) 面是两个常用的重要晶面。如图 2.5 所示。(002) 面的 X 射线衍射值较高，而在 (040) 面的 X 射线衍射峰值较低，这是因为纤维素内葡萄糖分子所在平面基本上平行于 (002) 面。用 X 射线衍射法测木质材料结晶度时，相干干涉只有在结晶区才能产生波峰，而非结晶区即无定形区发生漫反射，不会产生波峰。因此可知，根据有峰面积与总面积之比可确定纤维素相对结晶度。由于非结晶区与结晶区面积难以测出，所以相对结晶度的测定与计算多采用经验法。

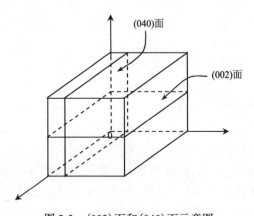

图 2.5　(002) 面和 (040) 面示意图

用 X 射线衍射法测试木质材料结晶度时，相干干涉只有在结晶区才能产生波峰，而非结晶区即无定形区发生漫反射，不会产生波峰。在 $2\theta = 22°$ 附近是 (002) 面的衍射极大值，在 $2\theta = 18°$ 附近出现波谷，是样品中无定形部分散射强度极大值。

由于高聚物结晶区与非结晶区界限不明确，木材除纤维素外，还有半纤维素和木素，因此很准确地说结晶区含量多少是很困难的，结晶度的测量一般采用经验法测量相对结晶度。本实验中对相对结晶度的计算采用 Segal 法[73]，如图 2.6 所示，在扫描曲线 $2\theta = 22°$ 附近有 (002) 面衍射的极大峰值，$2\theta = 18°$ 附近有一极小峰值，据此计算纤维素相对结晶度的数值。计算公式如下：

$$CrI = \frac{I_{002} - I_{am}}{I_{002}} \times 100\%$$

式中：$CrI$——相对结晶度的百分率，%；

　　　$I_{002}$——(002) 面晶格衍射角的极大强度（任意单位）；

　　　$I_{am}$——$2\theta = 18°$ 附近非结晶区衍射的散射强度，单位与 $I_{002}$ 相同。

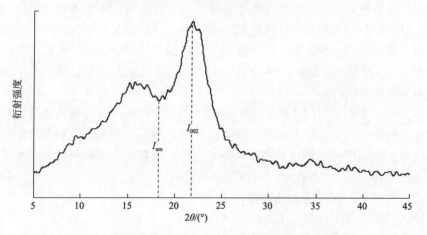

图 2.6　纤维素相对结晶度衍射图的计算方法（Segal 法）

## 2.5.2　动态热机械分析技术

动态热机械性质分析（Dynamic Mechanical Thermal Analysis，简称 DMA 或 DMTA）是指对动态力学性质的研究或测试，通过对试样施加恒定振幅的正弦交变应力，观察其应变随温度或时间的变化规律，计算出力学参数，从而认识材料的结构与性能的关系[74,75]。

当一正弦交变荷载加到黏弹性材料试件上时，试件的应变也将按正弦变化，由于应变 $\varepsilon$ 跟不上应力 $\sigma$ 的变化，所以两者之间有一个相位差角 $\delta$，公式如下：

$$\sigma = \sigma_0 \sin(\omega t + \delta)$$
$$= \sigma_0 \sin(\omega t)\cos\delta + \sigma_0 \cos(\omega t)\sin\delta$$
$$\varepsilon = \varepsilon_0 \sin(\omega t)$$

式中：$\sigma$——应力，$\sigma_0$——应力振幅，$\omega$——角频率，$t$——时间，$\delta$——相位差角，$\varepsilon$——应变，$\varepsilon_0$——应变振幅。

应力与应变之比即为模量，所以动态模量就由两部分组成，同相部分为实数部分模量 $E' = (\sigma_0 \varepsilon_0) \cos \delta$，相差为 90°的异相部分为虚数部分模量 $E'' = (\sigma_0 \varepsilon_0) \sin \delta$。

实数部分模量 $E'$ 表示材料在形变过程中由于弹性变形而存储的能量，称为储能模量(或存储模量)；虚数部分模量 $E''$ 表示材料在形变过程中以热形式损耗掉的能量，称为损耗模量，可用于描述材料内耗的大小。而研究与分析中更常用的是损耗因子(损耗角正切) $\tan \delta = E''/E'$，即用损耗模量与存储模量之比来表示材料形变过程中相对于储能模量而用于热损耗的多少[76,77]。

动态热机械分析仪是使样品处于程序控制的温度下，并施加随时间变化的振荡力，研究样品的机械行为，测定其储能模量、损耗模量和损耗角正切随温度、时间与力的频率的函数关系。广泛应用于热塑性与热固性塑料、橡胶、涂料、金属与合金、无机材料、复合材料[78,79]等领域。目前，DMA 技术已成为木材蠕变等特性有利的研究手段。

本实验使用德国 NETZSCH 公司的 DMA 242C 分析仪进行辊压处理材和素材的 DMA 分析，该仪器的特点是功能灵活多样，应用最多的是包括木材在内的聚合物领域，通过使用专利技术的位移传感器，对振幅进行精确测量，最大解析度定义在纳米级，基于 Windows 操作系统的高级软件提供了扩展功能，如在测量频率范围之外可对主曲线进行外推计算。

DMA 242C 分析仪的技术指标如下。

测量模式：三点弯曲，单/双悬臂弯曲，线性剪切，加压/针入，拉伸，蠕变，TMA 方式，根据需求可定做特殊形变模式；

试件尺寸：最大 60 mm(L) × 12 mm(W) × 6 mm(T)；

温度范围：–170～600℃；

温度梯度：< ±1K；

模量范围：$10^{-3} \sim 10^6$ MPa；

频率范围：0.01～100 Hz(25 个固定的频谱段)；

施力范围：0.01～16N；

振幅范围：±7.5/15/30/60/120/240 μm；

损耗因子分辨率：0.00006～10，以傅里叶分析方式进行数字滤波，具有优异的信噪比；

加热速率：0.1～20 K/min；

冷却速率：0.1～10 K/min(冷却介质，液氮)；

气氛：静态或动态(空气、惰性气体)。

# 第3章 物理力学性质变异

　　木材的物理力学性质是木材多种技术特性中影响木材加工和利用的主要参数，它包含着木材最基本最原始的实用功能；科学研究或实际生产中，加工方法的改进或更新，都要考虑对木材物理性质和力学性能的影响。本章内容，是考察饱水大青杨板材辊压处理前后，在密度、干缩系数、抗压、抗拉、抗弯、抗剪等性质方面的变异，这将对辊压法浸注处理木材研究工作中，压缩率的调整和确定等问题具有重要的指导意义。

## 3.1 试验材料、方法和设备

### 3.1.1 试验材料

　　实验试材树种为大青杨(*P. ussuriensis* Kom.)，采自吉林省上营森林经营局正阳林场，原木长 6000 mm，直径 400～600 mm，锯制为标准的径切板和弦切板，板材尺寸 800 mm(L) ×250 mm(W) ×30 mm(T)。

### 3.1.2 试验方法

　　板材辊压实验在 5 个压缩率(10%、20%、30%、40%和 50%)下进行，每个压缩率下选取同一块板材内材性相近、无节疤、纹理均匀通直的标准径、弦切板板材216块；在每块板材的长度方向上由中间线横向锯为相等的两块试材，一块用于素材(对照样)试件的制作，相对应的另一块用于辊压处理材的试件制作；为防止非源于同一木板的素材和处理材混淆在一起，板材锯为两块之前，在每块板材的板面上做好编号和标记，以备辊压处理后来源于同一块板材的素材和辊压处理材能按照锯开以前的位置摆放在一起，作为一块板材进行下一步物理力学性能测试试件的对应制作。试件制作时，测试某一性能的试件由纵向同一锯口或相邻锯口锯制的素材和辊压处理材的试件组成。物理力学试件的制作方法见图 3.1。

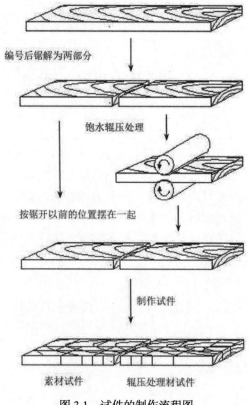

编号后锯解为两部分

饱水辊压处理

按锯开以前的位置摆在一起

制作试件

素材试件　　　　　　辊压处理材试件

图 3.1　试件的制作流程图

　　用于辊压处理的试材在辊压前需进行饱水处理。辊压处理后的试材经过气干与对应的素材在室温条件下存放 30 天后，进行各种物理力学试件的加工制作、含水率调整和测试。

　　本实验中，木材物理力学性质的试件制作和实验方法采用的国家标准如下：

GB/T 1928－2009《木材物理力学试验方法总则》；

GB/T 1932－2009《木材干缩性测定方法》；

GB/T 1933－2009《木材密度测定方法》；

GB 1935－2009《木材顺纹抗压强度试验方法》；

GB 1936.1－2009《木材抗弯强度试验方法》；

GB 1936.2－2009《木材抗弯弹性模量测定方法》；

GB 1937－2009《木材顺纹抗剪强度试验方法》；

GB 1938－2009《木材顺纹抗拉强度试验方法》；

GB 1940－2009《木材冲击韧性试验方法》；

GB 1942－2009《木材抗劈力试验方法》。

除上述按照国家标准进行的物理性能和力学强度测试外，根据有关文献[80]木材横纹抗拉强度的试件是采用两个等腰梯形短边相连的形状，纹理方向与长边平行，根据受力方向与年轮的位置关系，分为径向和弦向横纹抗拉强度，试件尺寸如图 3.2 所示，其他测试要求同国家标准。试件受力破坏后，破坏面的长度和试件厚度的乘积作为荷载的作用面积。

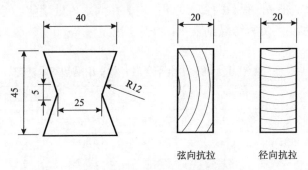

图 3.2　木材横纹抗拉强度试件

### 3.1.3　试验设备

辊压机（上辊为主动辊，下辊为从动辊，压辊直径 250 mm，主动辊转速 16 r/min）；
岛津木材万能力学试验机；
瑞士产木材力学试验机；
压力-真空处理罐，250 mm（D）×400 mm（H）；
SDH301 型数字显示自动控制低温湿热试验箱（重庆银河试验仪器有限公司）；
101-2A 型数字显示电热鼓风干燥箱（天津市泰斯特仪器有限公司）；
数字显示游标卡尺（哈尔滨量具刃具厂，精度 0.001 mm）；
电子天平（精度 0.001 g）。

## 3.2　试验结果与讨论

### 3.2.1　密度变异

饱水大青杨的弦切板和径切板分别经过径向压缩和弦向压缩的五个压缩率辊压处理并气干后，锯解木材密度测试试件，试件尺寸 20 mm（纵向）× 20 mm（径向）× 20 mm（弦向），试件编号后，分别在全干、气干和饱水三种状态下进行含水率调整处理，气干状态的调整是将试件置于温度（20±2）℃、相对湿度（65±5）%的恒温恒湿箱中，经过多日定时监视测量直至含水率稳定；饱水处理的方法是将试件浸于室温的水中 72 h 以上直至各向尺寸不变为止。含水率调整前，在试件各相对面的中心位置，沿纵向、弦向和径向各划一条直线，各种测试状态的线性尺寸都沿该直线测量。某一测试状态的含水率调整结束后，根据需要进行质量和线性尺寸的测量，分别测出纵向、径向和弦向尺寸，三者乘积为试件的体积。分别取素材试件和对应的辊压处理材试件密度的平均值作为辊压处理前后的全干密度、气干密度和基本密度。实验结果见表 3.1 和表 3.2。

表 3.1　径向压缩辊压处理材的全干密度、气干密度和基本密度　　（单位：g/m³）

| 压缩率/% | 素材 | | | 辊压处理材 | | |
|---|---|---|---|---|---|---|
| | 全干密度 | 气干密度 | 基本密度 | 全干密度 | 气干密度 | 基本密度 |
| 10 | 0.4738 | 0.4965 | 0.4120 | 0.4738 | 0.4968 | 0.4130 |
| | 15.727 | 18.054 | 11.068 | 14.473 | 9.626 | 10.374 |
| | 5.213 | 7.973 | 4.041 | 4.959 | 3.035 | 3.549 |
| 20 | 0.3692 | 0.3892 | 0.3273 | 0.3696 | 0.3921 | 0.3305 |
| | 12.004 | 17.853 | 10.490 | 9.217 | 9.577 | 15.023 |
| | 5.691 | 8.324 | 4.164 | 3.335 | 3.865 | 6.873 |
| 30 | 0.3818 | 0.4211 | 0.3362 | 0.3865 | 0.4309 | 0.3389 |
| | 13.431 | 16.374 | 9.376 | 12.348 | 15.124 | 21.589 |
| | 8.802 | 11.225 | 5.030 | 7.404 | 10.946 | 15.560 |
| 40 | 0.3807 | 0.3993 | 0.3377 | 0.3844 | 0.4136 | 0.3417 |
| | 17.614 | 17.015 | 12.866 | 10.773 | 12.442 | 9.461 |
| | 9.227 | 8.934 | 6.354 | 5.148 | 6.083 | 4.533 |
| 50 | 0.3980 | 0.4184 | 0.3489 | 0.4035 | 0.4333 | 0.3519 |
| | 10.235 | 14.370 | 19.456 | 16.862 | 12.842 | 8.226 |
| | 6.297 | 8.221 | 14.603 | 10.731 | 7.328 | 4.105 |

注：表中的数据由上至下分别为平均值 $\overline{X}$、变异系数 $V(\%)$ 和准确指数 $P(\%)$，下同。

　　表 3.1 和表 3.2 分别是在径向压缩和弦向压缩各压缩率下，辊压处理材和对应的素材的全干密度、气干密度和基本密度。表中可见，在两种压缩方向和五种压缩率下，辊压处理材与对照样相比，三种典型的密度值都有不同程度的增大。

　　为了研究辊压处理前后，与对照样相比，辊压处理材三种密度的变异规律，将相同压缩方向同一压缩率下，辊压处理材的某种密度与其相对应的素材密度的差值占素材密度的百分比，称为辊压处理后，辊压处理材密度变化的比率（百分率）。辊压处理材三种密度变化的百分率见图 3.3（图中各曲线的含义：如"基本径向"是指径向压缩辊压处理材与对照样相比，基本密度变化的百分率）。

表 3.2　弦向压缩辊压处理材的全干密度、气干密度和基本密度　　（单位：g/m³）

| 压缩率/% | 素材 | | | 辊压处理材 | | |
|---|---|---|---|---|---|---|
| | 全干密度 | 气干密度 | 基本密度 | 全干密度 | 气干密度 | 基本密度 |
| 10 | 0.3915 | 0.4116 | 0.3484 | 0.3904 | 0.4135 | 0.3476 |
| | 11.809 | 9.665 | 9.916 | 8.256 | 14.504 | 15.628 |
| | 6.274 | 5.126 | 5.833 | 4.995 | 8.219 | 8.930 |
| 20 | 0.3334 | 0.3547 | 0.3013 | 0.3328 | 0.3584 | 0.3040 |
| | 14.743 | 14.386 | 16.830 | 11.247 | 17.732 | 12.535 |
| | 6.277 | 6.109 | 7.954 | 4.085 | 9.867 | 5.730 |
| 30 | 0.3151 | 0.3498 | 0.2977 | 0.3150 | 0.3557 | 0.3031 |
| | 12.483 | 11.587 | 12.379 | 9.533 | 15.561 | 14.298 |
| | 5.993 | 5.147 | 5.704 | 4.635 | 7.955 | 6.204 |
| 40 | 0.3557 | 0.3719 | 0.3043 | 0.3565 | 0.3874 | 0.3102 |
| | 16.390 | 13.885 | 13.065 | 9.287 | 10.108 | 8.256 |
| | 8.214 | 5.327 | 4.961 | 2.578 | 3.121 | 1.934 |
| 50 | 0.2731 | 0.2916 | 0.2495 | 0.2738 | 0.3056 | 0.2562 |
| | 10.638 | 11.518 | 15.047 | 13.507 | 10.927 | 9.645 |
| | 6.270 | 7.725 | 9.626 | 8.862 | 6.657 | 5.303 |

由图 3.3 可见，在不同的压缩方向下，与素材相比，辊压处理材的全干密度、气干密度和基本密度随着压缩率的增加而有所增大，其中气干密度增大的幅度大于其他两种密度，在几种密度中，弦向压缩全干密度的变化最小（–0.2897%~0.2446%），在低压缩率下（<30%），辊压处理材的密度还有所减小。各种密度随着压缩率变化的百分率范围分别是：全干径向 0%~1.3819%，气干径向 0.0604%~3.5535%，气干弦向 0.4616%~4.7956%，基本径向 0.2427%~0.8598%，基本弦向–0.2296%~2.6834%，各种测试密度随着压缩率变化的百分率总的范围为–0.2897%~4.7956%。

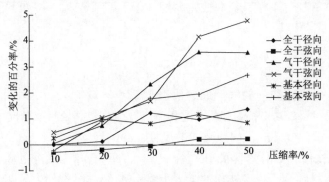

图 3.3　辊压处理材密度变化的比率

### 3.2.2　干缩系数变异

挑选 25 mm 厚的无缺陷的标准的径切和弦切板，由木板中间横向锯断为两部分，一部分进行饱水处理和不同压缩率下的辊压处理，辊压处理结束并干燥后，与同一木板的另一部分未处理材按照锯开以前的位置重新摆放在一起，按照国家标准《木材干缩率测定方法》中的规定进行试件的制作。取纵向相同或相邻锯口的试件作为本实验用试件，试件尺寸：20 mm（L）×20 mm（R）×20 mm（T），为标准的三切面试件。为防止非源于同一木板的对照样和辊压处理材混淆在一起，在木板锯开前应进行标记。

在试件的纵切面和横切面的中心位置，沿着平行纹理、垂直年轮和与年轮相切三个方向，划一直线，作为试件由湿材变为气干材和全干材过程中不同状态下线性尺寸（纵向、径向和弦向）的测量位置；同时，应对试件的压缩方向做好标记。试件的纤维饱和点含水率以 30% 计。

根据国家标准《木材干缩率测定方法》，被测试件应顺序进行浸水-气干-全干的线性尺寸稳定性处理，气干状态的处理是将试件置于温度（20±2）℃、相对湿度 65%±5% 的恒温恒湿箱中，经过多日定时测量直至线性尺寸稳定；其间可测出辊压处理材和对应的素材的径向、弦向和纵向的各个状态下的线性尺寸，通过计算得到试件饱水、气干和全干状态下的体积。试件从湿材到全干材，径向和弦向的全干干缩系数 $\beta_{max}$，按如下公式计算：

$$\beta_{max} = \frac{l_{max} - l_0}{30\,l_{max}} \times 100$$

式中，$\beta_{max}$——径向或弦向的全干干缩系数，%；

　　　$l_{max}$——试件含水率高于纤维饱和点（即湿材时），径向或弦向的尺寸，mm；

　　　$l_0$——试件全干时径向或弦向的尺寸，mm。

试件从湿材到气干材，径向或弦向的气干干缩系数 $\beta_w$，按如下公式计算：

$$\beta_w = \frac{l_{max} - l_w}{(30 - W)\,l_{max}} \times 100$$

式中，$\beta_w$——径向或弦向的气干干缩系数，%；

　　　$l_{max}$——试件含水率高于纤维饱和点（即湿材时），径向或弦向的尺寸，mm；

　　　$l_w$——试件气干时径向或弦向的尺寸，mm；

　　　$W$——试件气干时的含水率，%。

试件从湿材到全干材，体积的全干干缩系数 $\beta_{v\,max}$，按如下公式计算：

$$\beta_{v\max} = \frac{V_{\max} - V_0}{30 V_{\max}} \times 100$$

式中，$\beta_{v\max}$——试件体积的全干干缩系数，%；

$V_{\max}$——试件含水率高于纤维饱和点(即湿材)时的体积，$mm^3$；

$V_0$——试件全干时的体积，$mm^3$。

试件从湿材到气干材，体积的气干干缩系数 $\beta_{vw}$，按如下公式计算：

$$\beta_{vw} = \frac{V_{\max} - V_w}{(30 - W) V_{\max}} \times 100$$

式中，$\beta_{vw}$——体积的气干干缩系数，%；

$V_{\max}$——试件含水率高于纤维饱和点(即湿材)时的体积，$mm^3$；

$V_w$——试件气干时的体积，$mm^3$；

$W$——试件气干时的含水率，%。

全干干缩率和气干干缩率，表示木材失水收缩时，单位尺寸或单位体积上木材收缩的百分比率[81]；干缩率除以造成此干缩量的试件含水率的商值，即为干缩系数，它表示含水率每减少 1%而引起的干缩率，与干缩率相对应，干缩系数也分为径向、弦向和体积干缩系数。利用它们可以计算出由湿材或生材干燥到纤维饱和点以下任一含水率时的木材干缩量，并据此确定出加工中应留出的木材干缩余量。

根据上面的公式，可计算出辊压处理材和素材试件的径向、弦向和体积的干缩系数。取平均值，得到径向压缩和弦向压缩五个压缩率下的全干和气干干缩系数，分别见表 3.3 和表 3.4。

表 3.3　径向压缩试件的干缩系数

| 压缩率/% | 测试状态 | 素材，% | | | 辊压处理材，% | | |
| --- | --- | --- | --- | --- | --- | --- | --- |
| | | 径向 | 弦向 | 体积 | 径向 | 弦向 | 体积 |
| 10 | 全干时 | 0.146 | 0.293 | 0.435 | 0.144 | 0.286 | 0.427 |
| | | 12.482 | 11.239 | 11.387 | 15.020 | 13.284 | 16.029 |
| | | 5.071 | 4.650 | 4.885 | 7.664 | 5.931 | 8.812 |
| | 气干时 | 0.116 | 0.268 | 0.405 | 0.112 | 0.262 | 0.401 |
| | | 10.933 | 10.275 | 15.606 | 13.934 | 11.127 | 17.325 |
| | | 4.005 | 3.742 | 7.248 | 6.071 | 4.267 | 9.241 |

| 压缩率/% | 测试状态 | 素材，% | | | 辊压处理材，% | | |
|---|---|---|---|---|---|---|---|
| | | 径向 | 弦向 | 体积 | 径向 | 弦向 | 体积 |
| 20 | 全干时 | 0.133 | 0.248 | 0.378 | 0.134 | 0.244 | 0.374 |
| | | 16.242 | 15.843 | 10.092 | 16.276 | 12.470 | 12.012 |
| | | 8.697 | 8.052 | 5.338 | 8.814 | 6.804 | 6.251 |
| | 气干时 | 0.114 | 0.231 | 0.344 | 0.117 | 0.233 | 0.349 |
| | | 12.330 | 10.617 | 10.314 | 9.454 | 14.028 | 12.635 |
| | | 6.625 | 5.721 | 5.206 | 4.920 | 7.385 | 6.918 |
| 30 | 全干时 | 0.130 | 0.243 | 0.371 | 0.136 | 0.241 | 0.386 |
| | | 15.348 | 14.087 | 18.371 | 16.520 | 10.229 | 12.204 |
| | | 6.221 | 5.962 | 8.203 | 7.188 | 2.771 | 4.087 |
| | 气干时 | 0.105 | 0.224 | 0.327 | 0.109 | 0.227 | 0.342 |
| | | 14.527 | 16.375 | 13.810 | 10.625 | 11.457 | 17.848 |
| | | 6.002 | 6.921 | 5.373 | 3.073 | 3.809 | 7.861 |
| 40 | 全干时 | 0.117 | 0.232 | 0.348 | 0.130 | 0.253 | 0.389 |
| | | 15.527 | 14.630 | 14.182 | 17.936 | 11.918 | 12.467 |
| | | 8.714 | 8.053 | 7.895 | 10.304 | 5.507 | 6.371 |
| | 气干时 | 0.097 | 0.220 | 0.308 | 0.107 | 0.235 | 0.341 |
| | | 19.627 | 21.753 | 16.219 | 14.552 | 16.535 | 12.354 |
| | | 12.159 | 13.832 | 9.927 | 7.973 | 10.006 | 6.077 |
| 50 | 全干时 | 0.140 | 0.272 | 0.331 | 0.161 | 0.319 | 0.396 |
| | | 13.251 | 12.924 | 12.339 | 18.440 | 16.535 | 12.358 |
| | | 7.834 | 7.225 | 6.808 | 11.701 | 10.432 | 6.976 |
| | 气干时 | 0.116 | 0.259 | 0.367 | 0.135 | 0.285 | 0.413 |
| | | 13.787 | 16.964 | 10.517 | 12.447 | 14.433 | 14.011 |
| | | 7.981 | 10.847 | 5.139 | 7.003 | 8.474 | 8.084 |

注：表中数据上、中和下三值分别为平均值 $\overline{X}$ 、变异系数 $V(\%)$ 和准确指数 $P(\%)$ ，下同。

　　由表 3.3 看出，相比于素材，径向压缩试材和弦向压缩试材的全干和气干径向、弦向和体积干缩系数都有所增大；随着压缩率的增大，辊压处理材干缩系数与素材干缩系数之间的差值不断增大。为了研究辊压处理前后，与素材相比，辊压处理材全干和气干干缩系数的变异规律，将压缩方向、压缩率和测试状态相同的辊压处理材干缩系数与对应的素材干缩系数的差值占素材干缩系数的比率，称为干缩系数变化的百分率。径向压缩和弦向压缩试材径向、弦向和体积的干缩系数变化的百分率见图 3.4 和图 3.5(图中各曲线的含义：如"气干弦向"，是指与素材相比，辊压处理材弦向气干干缩系数变化的百分率)。

**表 3.4　弦向压缩试件的干缩系数**

| 压缩率/% | 测试状态 | 素材，% | | | 辊压处理材，% | | |
|---|---|---|---|---|---|---|---|
| | | 径向 | 弦向 | 体积 | 径向 | 弦向 | 体积 |
| 10 | 全干时 | 0.124 | 0.251 | 0.366 | 0.122 | 0.252 | 0.372 |
| | | 17.305 | 19.748 | 19.917 | 15.357 | 14.373 | 18.375 |
| | | 5.221 | 6.923 | 7.161 | 4.280 | 3.954 | 6.629 |
| | 气干时 | 0.100 | 0.225 | 0.327 | 0.098 | 0.254 | 0.335 |
| | | 15.734 | 16.918 | 20.667 | 21.847 | 16.933 | 14.393 |
| | | 4.506 | 4.955 | 7.830 | 8.254 | 5.009 | 3.995 |
| 20 | 全干时 | 0.088 | 0.227 | 0.319 | 0.093 | 0.237 | 0.335 |
| | | 20.376 | 18.710 | 18.336 | 19.204 | 16.294 | 13.047 |
| | | 7.293 | 6.027 | 5.945 | 6.478 | 4.182 | 2.479 |
| | 气干时 | 0.066 | 0.217 | 0.289 | 0.067 | 0.226 | 0.307 |
| | | 18.304 | 19.406 | 14.720 | 14.383 | 22.660 | 15.472 |
| | | 5.829 | 6.577 | 3.166 | 2.755 | 8.367 | 3.784 |
| 30 | 全干时 | 0.080 | 0.213 | 0.301 | 0.084 | 0.228 | 0.319 |
| | | 13.904 | 13.448 | 17.501 | 14.902 | 16.289 | 14.395 |
| | | 6.337 | 6.021 | 9.315 | 7.213 | 8.737 | 6.820 |
| | 气干时 | 0.059 | 0.200 | 0.256 | 0.062 | 0.210 | 0.282 |
| | | 11.219 | 10.375 | 15.528 | 13.333 | 16.034 | 19.525 |
| | | 4.050 | 3.872 | 8.202 | 5.921 | 8.417 | 10.843 |
| 40 | 全干时 | 0.156 | 0.335 | 0.431 | 0.172 | 0.363 | 0.499 |
| | | 14.572 | 17.639 | 19.050 | 16.248 | 12.541 | 12.306 |
| | | 7.351 | 9.036 | 11.567 | 8.766 | 5.304 | 5.127 |
| | 气干时 | 0.145 | 0.346 | 0.492 | 0.153 | 0.365 | 0.547 |
| | | 15.474 | 16.629 | 19.217 | 14.892 | 11.304 | 13.704 |
| | | 7.928 | 8.201 | 12.337 | 7.604 | 4.915 | 6.227 |
| 50 | 全干时 | 0.084 | 0.199 | 0.289 | 0.099 | 0.246 | 0.344 |
| | | 18.205 | 17.113 | 18.036 | 14.397 | 12.031 | 14.725 |
| | | 7.304 | 6.257 | 7.110 | 4.826 | 3.582 | 5.089 |
| | 气干时 | 0.066 | 0.182 | 0.257 | 0.073 | 0.212 | 0.312 |
| | | 13.852 | 18.207 | 17.478 | 12.909 | 15.720 | 15.152 |
| | | 4.727 | 7.418 | 6.631 | 3.927 | 5.762 | 5.447 |

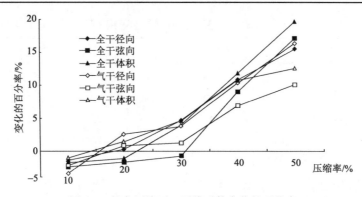

图 3.4　径向压缩下，干缩系数变化的百分率

与素材相比，辊压处理材的径向、弦向和体积干缩系数变化的百分率随着压缩率的增大而增大。径向压缩下，径向的全干干缩系数变化的百分率的变动范围为−1.370%～15.470%，气干干缩系数变化的百分率的变动范围为−3.448%～16.379%；弦向的全干干缩系数变化的百分率的变动范围为−2.370%～17.050%，气干干缩系数变化的百分率的变动范围为−2.239%～10.039%；体积的全干干缩系数变化的百分率的变动范围为−1.703%～19.696%，气干干缩系数变化的百分率的变动范围为−0.988%～12.534%。弦向压缩下，径向的全干干缩系数变化的百分率的变动范围为−1.610%～18.417%，气干干缩系数变化的百分率的变动范围为−2.000%～10.606%；弦向的全干干缩系数变化的百分率的变动范围为2.831%～23.678%，气干干缩系数变化的百分率的变动范围为 0.398%～16.484%；体积的全干干缩系数变化的百分率的变动范围为 1.583%～19.151%，气干干缩系数变化的百分率的变动范围为2.446%～21.401%。

可见，与素材相比，辊压处理材的尺寸稳定性有所降低，干缩量(湿胀量)变大；随着压缩率的增大，单位含水率的变化引起的干缩量(湿胀量)的变化也在增大。

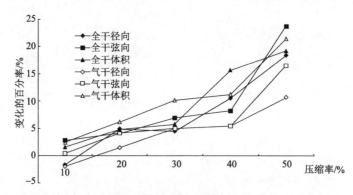

图 3.5　弦向压缩下，干缩系数变化的百分率

### 3.2.3 顺纹抗压强度变异

木材顺纹抗压强度是指平行于木材纹理方向，对试件全部加压面以均匀速度施加压力而引起破坏时的强度。顺纹抗压强度稳定，变化小，实际中应用广泛，易于测定，与木材多种理化性质相关性高，是木材科学研究中经常测试的力学强度之一。

在饱水状态下，对大青杨的径切板和弦切板分别进行了压缩率为 10%、20%、30%、40% 和 50% 的弦向压缩和径向压缩处理。经过测试和计算，辊压处理材（表中简称处理材）和对应的素材顺纹抗压强度的试验结果见表 3.5。

**表 3.5 辊压处理材与素材的顺纹抗压强度**

| 压缩率/% | | | 10 | 20 | 30 | 40 | 50 |
|---|---|---|---|---|---|---|---|
| 径向压缩 | 素材 | $\overline{X}$ /MPa | 43.918 | 22.617 | 34.423 | 25.786 | 35.096 |
| | | $S$ | 3.741 | 2.007 | 2.745 | 2.216 | 3.309 |
| | | $V$/% | 8.518 | 8.874 | 7.974 | 8.594 | 9.428 |
| | 处理材 | $\overline{X}$ /MPa | 44.968 | 22.349 | 33.698 | 25.013 | 33.866 |
| | | $S$ | 4.427 | 3.471 | 3.404 | 2.934 | 3.119 |
| | | $V$/% | 9.845 | 15.531 | 10.101 | 11.730 | 9.210 |
| 弦向压缩 | 素材 | $\overline{X}$ /MPa | 37.268 | 27.658 | 37.726 | 30.709 | 27.064 |
| | | $S$ | 3.773 | 3.015 | 2.971 | 3.455 | 2.287 |
| | | $V$/% | 10.124 | 10.901 | 7.875 | 11.251 | 8.450 |
| | 处理材 | $\overline{X}$ /MPa | 37.744 | 27.796 | 36.563 | 29.212 | 25.822 |
| | | $S$ | 3.409 | 3.370 | 4.102 | 2.337 | 2.963 |
| | | $V$/% | 9.032 | 12.124 | 11.219 | 8.000 | 11.475 |

注：$\overline{X}$ —— 平均值，$S$ —— 标准差，$V$ —— 变异系数，表中强度为含水率 12% 时的数值，下同。

由表可见，无论径向压缩还是弦向压缩，饱水大青杨板材辊压处理后，在五种压缩率下，顺纹抗压强度都发生了变化。在低压缩率（10% 和 20%）下，辊压处理材的顺纹抗压强度略大于或接近于素材，随着压缩率的增大，辊压处理材的顺纹抗压强度逐渐下降。

为了表示在不同压缩率下，辊压处理材与素材相比，各种力学强度的变化情况，在本章中用辊压处理材的力学强度与对应的素材的力学强度的差值占素材力学强度的百分比，定义为辊压处理材各种力学强度变化的百分率，以 $K$ 表示，公式如下：

$$K = \frac{C' - C}{C} \times 100\%$$

式中，$K$——力学强度变化的百分率，%；

　　　$C'$——辊压处理材的力学强度；

　　　$C$——素材的力学强度。

　　根据上式计算出的五种压缩率下辊压处理材的顺纹抗压强度变化的百分率，见图 3.6。如图所示，随着压缩率的增大，辊压处理材的顺纹抗压强度变化的百分率变大；对于径向压缩，在 10%、20%、30%、40%和 50%五个压缩率下，顺纹抗压强度变化的百分率分别为 2.391%、−1.185%、−2.106%、−2.998%和−3.505%；对于弦向压缩，变化的百分率分别为 1.277%、0.499%、−3.088%、−4.875%和−4.589%。同一压缩率下，弦向压缩顺纹抗压强度变化的百分率的幅度大于径向压缩。

　　可见，辊压处理中压缩率的变动，对辊压处理材顺纹抗压强度的变化有直接的影响，二者存在相关关系。

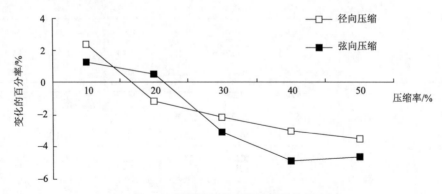

图 3.6　顺纹抗压强度变化的百分率

## 3.2.4　顺纹抗剪强度变异

　　当木材受到大小相等、方向相反的平行力作用时，在垂直于力接触面的方向上，产生使木材的一部分与其他部分相对滑移所引起的应力，称为剪应力。木材抵抗剪应力的能力称为抗剪强度。如果产生的滑移平行木材的纹理方向，就称为顺纹抗剪强度。顺纹抗剪强度是木材各种抗剪强度中最小的，木材使用中常见到顺纹剪切破坏。阔叶树材弦面的抗剪强度较径面高出 10%～30%，木射线越发达，这种差异越显著。

　　木材的顺纹抗剪强度根据剪切破坏面与木材标准三切面(横切面、径切面和弦切面)的相对位置分为弦面剪切和径面剪切。在本实验中，辊压处理材和素材的顺纹抗剪强度的测试根据不同的压缩方向分为两种破坏情况，对径切板施行的弦向压缩制得的试件，进行顺纹剪切试验时，试件的弦切面受到破坏；而对弦切板施行的径向压缩制得的试件，试件的径切面受到破坏。辊压处理材和对应的素材的顺纹抗剪强度的实验结果见表 3.6。

**表 3.6 辊压处理材与素材的顺纹抗剪强度**

| 压缩率/% | | | 10 | 20 | 30 | 40 | 50 |
|---|---|---|---|---|---|---|---|
| 径向压缩 | 素材 | $\overline{X}$ /MPa | 7.268 | 7.089 | 6.538 | 5.236 | 5.857 |
| | | $S$ | 0.882 | 0.919 | 1.124 | 0.737 | 1.065 |
| | | $V$/% | 12.135 | 12.964 | 17.192 | 14.076 | 18.183 |
| | 处理材 | $\overline{X}$ /MPa | 7.118 | 6.725 | 5.901 | 4.696 | 5.247 |
| | | $S$ | 1.374 | 0.702 | 1.780 | 1.023 | 0.847 |
| | | $V$/% | 19.303 | 10.439 | 30.164 | 21.784 | 16.143 |
| 弦向压缩 | 素材 | $\overline{X}$ /MPa | 7.072 | 7.474 | 7.449 | 6.763 | 7.313 |
| | | $S$ | 0.633 | 0.748 | 1.331 | 1.207 | 1.572 |
| | | $V$/% | 8.951 | 10.008 | 17.868 | 17.847 | 21.496 |
| | 处理材 | $\overline{X}$ /MPa | 6.777 | 7.112 | 6.642 | 5.903 | 6.274 |
| | | $S$ | 1.131 | 1.367 | 1.405 | 0.734 | 1.762 |
| | | $V$/% | 16.689 | 19.221 | 21.153 | 12.434 | 28.084 |

表中可见，辊压处理材的顺纹抗剪强度与素材相比，五种压缩率下，无论是径面破坏，还是弦面破坏，都有不同程度的下降；随着压缩率的增大，下降的趋势增大。

辊压处理材比照素材，顺纹抗剪强度变化的百分率见图 3.7。随着压缩率的增大，顺纹抗剪强度变化的百分率的幅度增加，在由小到大的五种压缩率中，径向压缩引起的径面抗剪强度变化的百分率分别是−2.071%、−5.137%、−9.744%、−10.308%和−10.410%，弦向压缩引起的弦面抗剪强度变化的百分率分别是−4.166%、−4.842%、−10.839%、−12.711%和−14.213%。由图中可以看出，同一压缩率下，弦向压缩所致的弦面顺纹抗剪强度下降的幅度大于径向压缩所致的径面顺纹抗剪强度。因此，饱水大青杨板材经过辊压处理后，弦向压缩引起的弦面抗剪强度的力学损失大于径向压缩引起的径面抗剪强度的力学损失。

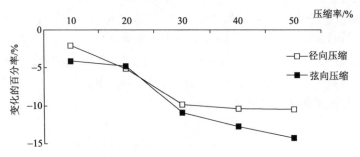

图 3.7　顺纹剪切强度变化的百分率

### 3.2.5　顺纹抗拉强度变异

　　木材承受平行纹理方向的拉伸作用，在破坏前的瞬间产生的最大抵抗力称为顺纹抗拉强度，它是木材各种力学强度中的最大者。木材顺纹抗拉强度的大小取决于木材纤维的强度、长度、方向及木材的密度。

　　根据国家标准中对木材顺纹抗拉强度测试的要求，年轮的切线方向应垂直于试件有效部分的宽面；对于辊压处理材，径向压缩弦切板制得的试件，压缩方向平行于试件的宽面，而弦向压缩径切板制得的试件，压缩方向垂直于试件的宽面。

　　辊压处理材顺纹抗拉强度与对应的素材的对比见图 3.8。由图可见，无论是径向压缩，还是弦向压缩，与素材相比，辊压处理材的顺纹抗拉强度都发生了变化。除 10%压缩率的辊压处理材的顺纹抗拉强度略有增加以外，其他压缩率处理材的顺纹抗拉强度都小于素材，且随着压缩率的增大，顺纹抗拉强度减小的幅度增大。

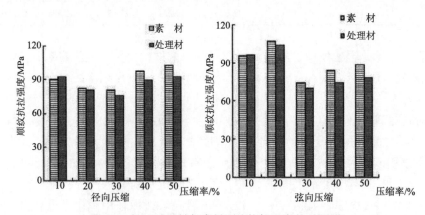

图 3.8　辊压处理材与素材顺纹抗拉强度的对照图

　　辊压处理材与素材相比，在五个压缩率下，顺纹抗拉强度变化的百分率见图 3.9。随着压缩率的增大，辊压处理材顺纹抗拉强度下降的比率增大。在由小到大五种压缩率下，径向压缩辊压处理材顺纹抗拉强度变化的百分率分别是 2.246%、-1.127%、-6.238%、-8.015%和-9.874%，弦向压缩辊压处理材顺纹抗拉强度变化的百分率分别为 1.217%、-3.108%、-5.834%、-11.302%和-11.535%；在同一压缩率下，弦向压缩辊压处理材顺纹抗拉强度下降的比率大于径向压缩，即弦向压缩引起的顺纹抗拉强度的力学损失大于径向压缩。

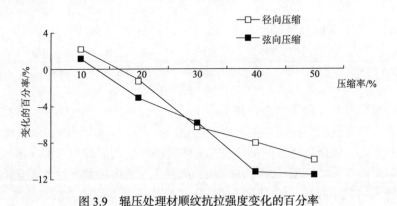

图 3.9　辊压处理材顺纹抗拉强度变化的百分率

## 3.2.6　横纹抗拉强度变异

　　木材由于抵抗垂直于纹理方向拉伸的最大应力称为横纹抗拉强度。根据受力方向与年轮或木射线的位置关系，木材横纹抗拉强度分为径向拉伸和弦向拉伸（见图 3-2）；由于木射线的影响，对于大青杨这种软质阔叶散孔材，径向横纹抗拉强度大于弦向[83]。辊压处理材的横纹抗拉强度的测试试件分为两种破坏情况，对径切板施行的弦向压缩制得的试件，进行横纹抗拉试验时，受力方向为径向；而对弦切板施行的径向压缩制得的试件，受力方向为弦向。辊压处理材和素材的横纹抗拉强度的实验结果见表 3.7。

表 3.7　辊压处理材与素材的横纹抗拉强度

| | 压缩率/% | | 10 | 20 | 30 | 40 | 50 |
|---|---|---|---|---|---|---|---|
| 径向压缩 | 素材 | $\overline{X}$/MPa | 2.482 | 2.535 | 2.304 | 1.669 | 2.221 |
| | | S | 0.392 | 0.227 | 0.308 | 0.430 | 0.364 |
| | | V/% | 15.794 | 8.955 | 13.368 | 25.764 | 16.389 |
| | 处理材 | $\overline{X}$/MPa | 2.477 | 2.448 | 2.098 | 1.529 | 1.943 |
| | | S | 0.454 | 0.218 | 0.633 | 0.345 | 0.215 |
| | | V/% | 18.329 | 8.905 | 30.172 | 22.564 | 11.065 |

续表

| 压缩率/% | | 10 | 20 | 30 | 40 | 50 |
|---|---|---|---|---|---|---|
| 弦向压缩 | 素材 $\overline{X}$ /MPa | 2.598 | 2.253 | 2.819 | 2.609 | 3.287 |
| | 素材 $S$ | 0.148 | 0.442 | 0.237 | 0.705 | 1.134 |
| | 素材 $V$/% | 5.697 | 19.618 | 8.407 | 27.022 | 34.500 |
| | 处理材 $\overline{X}$ /MPa | 2.519 | 2.130 | 2.532 | 2.208 | 2.732 |
| | 处理材 $S$ | 0.833 | 0.437 | 0.206 | 0.277 | 0.229 |
| | 处理材 $V$/% | 33.069 | 20.516 | 8.136 | 12.545 | 8.382 |

注：$\overline{X}$ —— 平均值，$S$ —— 标准差，$V$ —— 变异系数，表中强度为含水率为12%时的数值。

　　表中可见，在两种压缩方向和不同压缩率下，辊压处理材的横纹抗拉强度与素材相比，都有所下降；随着压缩率的增加，横纹抗拉强度下降的幅度增大。

　　比照素材，辊压处理材的横纹抗拉强度在两种压缩方向和五种压缩率下变化的百分率见图 3.10。随着压缩率的增加，两种压缩方向横纹抗拉强度变化的比率都逐渐增大，其中径向压缩引起的弦向横纹抗拉强度变化的百分率为–0.217%、–3.446%、–8.943%、–8.394%和–12.515%，而弦向压缩引起的径向横纹抗拉强度变化的百分率为–3.047%、–5.465%、–10.196%、–15.384%和–16.877%。可见，在同一压缩率下，弦向压缩对径向横纹抗拉强度造成的力学损失大于径向压缩对弦向横纹抗拉强度的力学损失。

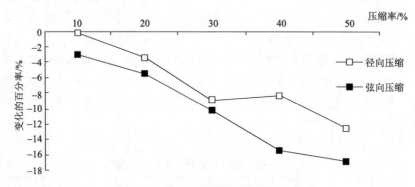

图 3.10　横纹抗拉强度变化的百分率

### 3.2.7　抗劈力变异

　　木材的抗劈力是指木材抵抗在尖楔作用下顺纹劈开的能力，反映的是木材垂直于纹理方向的力学性质。根据劈裂破坏面的不同，分为径面劈裂和弦面劈裂。针叶树材随着开裂从弦面向径面变化，抗劈力值增大，阔叶树材相反，大青杨木材的弦面抗劈力大于径面[82]。

对于辊压处理材，由于压缩方向的不同，又分为两种情况。本实验中对弦向压缩的径切板和径向压缩的弦切板，分别进行了径面劈裂和弦面劈裂的测试，形成四种试验结果。

### 3.2.7.1　径向压缩弦切板的抗劈力

饱水大青杨弦切板经径向辊压处理后，辊压处理材和对应的素材的抗劈力见表 3.8。

表 3.8　径向压缩辊压处理材的抗劈力

| | 压缩率/% | | 10 | 20 | 30 | 40 | 50 |
|---|---|---|---|---|---|---|---|
| 径面劈裂 | 素材 | $\overline{X}$ /(N/mm) | 20.006 | 15.200 | 16.714 | 15.156 | 16.795 |
| | | $S$ | 4.731 | 4.415 | 3.253 | 2.887 | 1.974 |
| | | $V$/% | 23.648 | 29.046 | 19.463 | 19.049 | 11.753 |
| | 处理材 | $\overline{X}$ /(N/mm) | 18.975 | 14.584 | 15.544 | 14.112 | 15.269 |
| | | $S$ | 2.234 | 1.461 | 1.207 | 2.739 | 3.442 |
| | | $V$/% | 11.773 | 10.018 | 7.765 | 19.409 | 22.542 |
| 弦面劈裂 | 素材 | $\overline{X}$ /(N/mm) | 20.738 | 16.922 | 19.361 | 16.120 | 18.308 |
| | | $S$ | 1.069 | 5.277 | 4.405 | 3.734 | 1.175 |
| | | $V$/% | 5.155 | 31.184 | 22.752 | 23.164 | 6.418 |
| | 处理材 | $\overline{X}$ /(N/mm) | 20.517 | 15.718 | 17.409 | 14.137 | 15.336 |
| | | $S$ | 2.758 | 5.146 | 3.901 | 4.414 | 3.085 |
| | | $V$/% | 13.443 | 32.740 | 22.408 | 31.223 | 20.116 |

辊压处理材的劈裂强度与素材的对比情况及压缩方向和劈裂方向的位置关系见图 3.11。经过径向辊压处理后，处理材的径面和弦面抗劈力都有所下降，随着压缩率的增大，抗劈力下降的幅度增大。

与素材对比，辊压处理材抗劈力变化的百分率见图 3.12。随着压缩率的增大，抗劈力变化的比率的幅度变大，径面劈裂的变化比率依次为-5.152%、-4.056%、-7.005%、-6.884%和-9.083%，弦面劈裂的变化比率依次是-1.063%、-7.112%、-10.080%、-12.305%和-16.235%。同一压缩率下，弦面劈裂的力学损失大于径面劈裂。

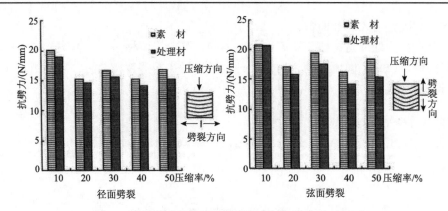

图 3.11 径向压缩辊压处理材与素材抗劈力的对照图

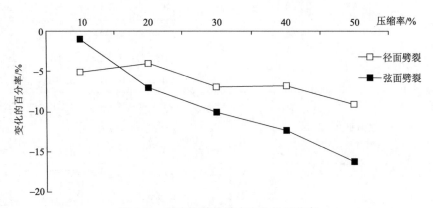

图 3.12 径向压缩抗劈力变化的百分率

### 3.2.7.2 弦向压缩径切板的抗劈力

饱水大青杨径切板经弦向辊压处理后，辊压处理材和对应的素材的抗劈力见表 3.9。

表 3.9 弦向压缩辊压处理材的抗劈力

| | 压缩率/% | | 10 | 20 | 30 | 40 | 50 |
|---|---|---|---|---|---|---|---|
| 径面劈裂 | 素材 | $\overline{X}$ /(N/mm) | 16.465 | 14.740 | 15.222 | 15.170 | 13.319 |
| | | $S$ | 4.709 | 3.786 | 2.115 | 2.728 | 2.007 |
| | | $V$/% | 28.600 | 25.685 | 13.894 | 17.983 | 15.069 |
| | 处理材 | $\overline{X}$ /(N/mm) | 16.759 | 14.286 | 14.901 | 14.692 | 11.964 |
| | | $S$ | 3.314 | 1.836 | 2.274 | 1.295 | 3.958 |
| | | $V$/% | 19.774 | 12.852 | 15.261 | 8.814 | 33.083 |

续表

| 压缩率/% | | 10 | 20 | 30 | 40 | 50 |
|---|---|---|---|---|---|---|
| 弦面劈裂 | 素材 | | | | | |
| | $\overline{X}$ /(N/mm) | 18.002 | 18.174 | 17.536 | 19.157 | 16.011 |
| | S | 1.257 | 2.218 | 3.114 | 1.834 | 1.300 |
| | V/% | 6.983 | 12.204 | 17.758 | 9.574 | 8.119 |
| | 处理材 | | | | | |
| | $\overline{X}$ /(N/mm) | 17.641 | 17.779 | 16.688 | 17.534 | 14.035 |
| | S | 2.324 | 1.337 | 2.055 | 3.382 | 2.547 |
| | V/% | 13.174 | 7.520 | 12.314 | 19.288 | 18.147 |

经过弦向压缩的辊压处理材在径面和弦面的抗劈力与素材的对比情况及压缩方向和劈裂方向的位置关系见图 3.13。在五个压缩率下，无论是径面劈裂还是弦面劈裂，与素材相比，辊压处理材的抗劈力都有所降低。随着压缩率的增大，抗劈力下降的幅度增大。

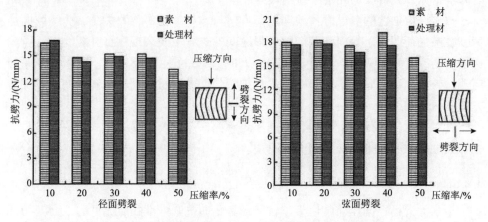

图 3.13　弦向压缩辊压处理材与素材抗劈力的对照图

饱水大青杨径切板弦向辊压处理后，处理材在径面和弦面的抗劈力比照素材，强度变化的比率见图 3.14。图中可见，随着压缩率的增大，径面和弦面的抗劈力变化的百分率的幅度都逐渐增大；按照压缩率由小到大的顺序，径面抗劈力变化的比率依次是 1.785%、−3.081%、−2.106%、−3.148%和−10.173%，弦面抗劈力变化的比率依次为−2.003%、−2.174%、−4.837%、−8.473%和−12.343%。可见，弦向压缩的大青杨径切板的弦面抗劈力随压缩率的增大下降的幅度大于径面抗劈力。

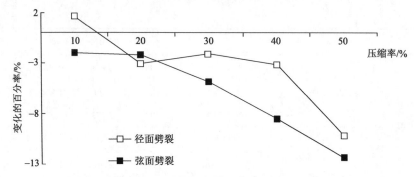

图 3.14　弦向压缩辊压处理材抗劈力变化的百分率

## 3.2.8　抗弯强度变异

木材的抗弯强度亦称静力弯曲极限强度，为木材承受横向荷载的能力，加荷方向与木材的纹理方向垂直。抗弯强度常用来推测木材的容许应力，是木材重要的力学指标，在材质的判定中应用最多。

木材抗弯强度的测试方式根据加荷方向与木材年轮的位置关系，分为弦向加荷和径向加荷两种。径向和弦向抗弯强度间的差异主要表现在针叶树材上，弦向比径向高出 10%～20%，阔叶树材两个方向上的差异一般不明显。国家标准中规定测试弦向加荷试验；本实验中，木材抗弯强度的测试采用径向和弦向两种加荷方式和两点加荷。

针对木材辊压处理方法中，径向压缩和弦向压缩两种压缩方式形成的试材，抗弯强度的试验结果将在下面分别论述。

### 3.2.8.1　径向压缩弦切板的抗弯强度

饱水大青杨径向压缩弦切板试材径向和弦向抗弯强度的对比见图 3.15。由图可知，尽管与之对比的素材的抗弯强度变异性较大，但在不同的压缩率下，辊压处理材的径、弦向抗弯强度都有不同程度的下降；随着压缩率的增大，抗弯强度下降的幅度增大。

与素材相比，径向压缩辊压处理材的抗弯强度变化的百分率见图 3.16。随着压缩率的增大，辊压处理材径、弦向抗弯强度变化的百分率逐渐变大，与素材相比，径向加荷抗弯强度变化的百分率由小到大依次是−2.735%、−4.858%、−18.640%、−15.575%和−26.911%，弦向加荷变化的百分率依次为−3.799%、−5.545%、−10.174%、−11.732%和−21.533%。径向抗弯强度下降的幅度大于弦向，可见，压缩方向抗弯强度的力学损失大于其他方向。

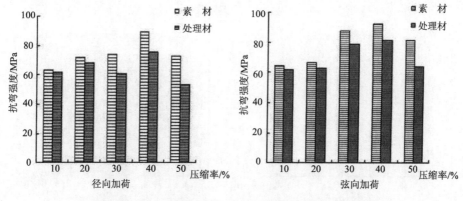

图 3.15　径向压缩辊压处理材与素材抗弯强度的对照图

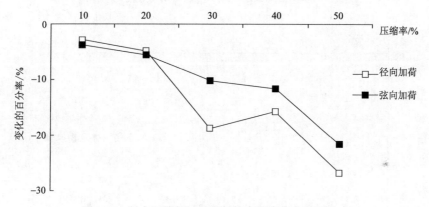

图 3.16　径向压缩辊压处理材抗弯强度变化的百分率

### 3.2.8.2　弦向压缩径切板的抗弯强度

　　饱水大青杨径切板弦向压缩试材的径向和弦向抗弯强度与对应的素材的对比见图 3.17。图中可见，除低压缩率（10%），径、弦向抗弯强度有增加的趋势外，在其他四种压缩率下，辊压处理材的抗弯强度都小于素材，且随着压缩率的增大，减小的趋势加大。

　　弦向压缩的辊压处理材，与素材相比，径、弦向抗弯强度变化的比率见图 3.18。随着压缩率的增大，抗弯强度变化的百分率逐渐增大，在五种压缩率下，弦向抗弯强度变化的比率大于径向；同一压缩率下，压缩方向抗弯强度的力学损失大于与其垂直的方向。按着压缩率由小到大的顺序，比照素材，弦向压缩的辊压处理材径向抗弯强度变化的比率依次是 4.417%、−7.282%、−17.175%、−21.729%和−22.650%，弦向抗弯强度变化的比率依次为 2.171%、−10.106%、−19.834%、−20.885%和−27.793%。

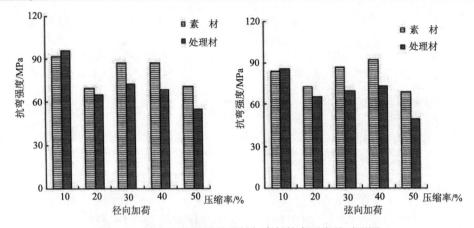

图 3.17　弦向压缩辊压处理材与素材抗弯强度的对照图

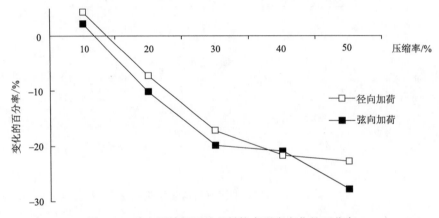

图 3.18　弦向压缩辊压处理材抗弯强度变化的百分率

## 3.2.9　抗弯弹性模量变异

　　木材抗弯弹性模量是在弹性限度范围内,抵抗外力改变其形状或体积的能力,它是木材刚性的指标,木材抗弯弹性模量值越大,则刚性越强,越不易发生弯曲变形。常用来计算构件在荷载下的变形。

　　木材抗弯弹性模量的测试与抗弯强度使用同一试件,在抗弯强度测试前进行,同抗弯强度的一样,抗弯弹性模量是在两种压缩方向、两种测试方向和两点加荷等条件下进行。实验结果如下。

### 3.2.9.1　径向压缩弦切板的抗弯弹性模量

　　径向压缩辊压处理材的抗弯弹性模量与素材的对比见图 3.19。除在 10%压缩率下，辊压处理材的抗弯弹性模量变大以外，在其他压缩率下，都有不同程度的降低，且随着压缩率的增大，降低的幅度增大。

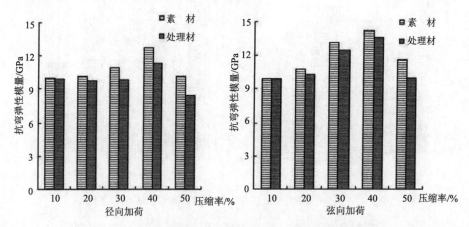

图 3.19　径向压缩辊压处理材与素材抗弯弹性模量的对照图

与素材相比，径向压缩辊压处理材径向和弦向抗弯弹性模量变化的比率见图 3.20。按压缩率由小到大的顺序，径向抗弯弹性模量变化的百分率分别为 −0.834%、−3.592%、−10.127%、−10.733% 和 −16.725%，弦向抗弯弹性模量变化的比率分别是 0.140%、−4.425%、−5.204%、−4.182% 和 −13.787%。同一压缩率下，径向抗弯弹性模量变化的比率大于弦向，在压缩方向上的力学损失大于与其相垂直的方向。

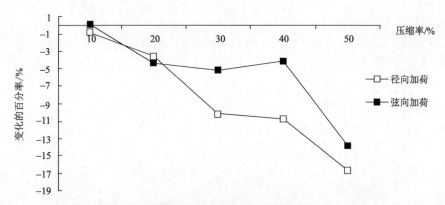

图 3.20　径向压缩辊压处理材抗弯弹性模量变化的百分率

### 3.2.9.2　弦向压缩径切板的抗弯弹性模量

弦向压缩辊压处理材径向和弦向抗弯弹性模量与辊压处理前的素材的对比见图 3.21。

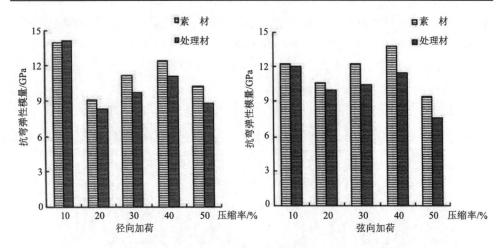

图 3.21　弦向压缩辊压处理材与素材抗弯弹性模量的对照图

在 10%压缩率下，辊压处理材的径、弦向抗弯弹性模量与素材相比，变化不大，在 20%~50%四个压缩率下，处理材的抗弯弹性模量都小于素材，且随着压缩率的增大，处理材的抗弯弹性模量下降的幅度加大。

与素材相比,弦向压缩辊压处理材径、弦向抗弯弹性模量变化的比率见图 3.22。按压缩率由小到大的顺序，径向抗弯弹性模量变化的百分率依次为 1.045%、−8.332%、−13.117%、−10.420%和−14.699%，弦向抗弯弹性模量变化的百分率依次是−2.392%、−6.168%、−14.734%、−16.806%和−19.455%。处理材弦向抗弯弹性模量变化的比率大于径向，可见，压缩方向上的抗弯弹性模量损失大于与其相垂直的方向。

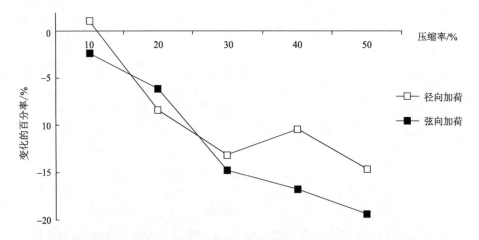

图 3.22　弦向压缩辊压处理材抗弯弹性模量变化的百分率

## 3.2.10　冲击韧性变异

木材的冲击韧性又称冲击弯曲强度，是木材在非常短的时间内受冲击荷载作用而产生破坏时，试样单位面积吸收的能量。冲击韧性试验的目的是为了测定木材在冲击荷载作用下对破坏的抵抗能力，可作为木材韧性或脆性的评价指标。对大青杨这种早晚材差别不明显的阔叶材树种，径、弦向的冲击韧性几乎相同。

本实验中，在两种压缩方向下，对辊压处理材和素材的径、弦向冲击韧性分别进行测试，以考察不同的辊压方向对不同方向冲击韧性的影响。

### 3.2.10.1　径向压缩的冲击韧性

径向压缩辊压处理材与素材径向、弦向冲击韧性的对比见图 3.23。由图中可知，在 10%压缩率下，辊压处理材的径、弦向冲击韧性，与素材相比，略有增加；在 20%至 50%四个压缩率下，辊压处理材的径、弦向冲击韧性都有所降低，且随着压缩率的增大，降低的幅度也增大。

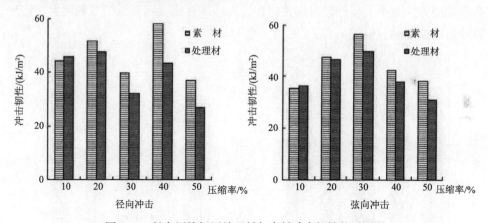

图 3.23　径向压缩辊压处理材与素材冲击韧性的对照图

与未处理的素材相比，径向压缩辊压处理材冲击韧性变化的比率见图 3.24。

大青杨弦切板经过辊压处理后，与处理前相比，径、弦向的冲击韧性均发生了变化，在不同压缩率下（10%除外），都小于素材的冲击韧性；随着压缩率的增大，冲击韧性降低的幅度在增加。由小到大五个压缩率下，径向冲击韧性变化的比率为 3.413%、−7.768%、−19.625%、−25.374% 和−26.451%，弦向冲击韧性变化的比率是 2.576%、−2.132%、−11.852%、−10.633% 和−20.028%。同一压缩率下，径向冲击韧性下降的百分率大于弦向，可见，辊压处理导致压缩方向冲击韧性的损失最大。

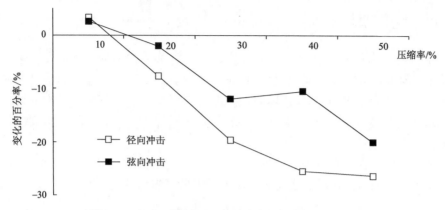

图 3.24　径向压缩辊压处理材冲击韧性变化的百分率

### 3.2.10.2　弦向压缩的冲击韧性

弦向压缩辊压处理材与对应的素材径、弦向冲击韧性的对比见图 3.25。由图中可知，在 10%压缩率下，与素材相比，辊压处理材的径、弦向冲击韧性略有变化；在其他四种压缩率下，处理材的冲击韧性都小于素材。随着压缩率的增大，处理材冲击韧性下降的幅度增大。

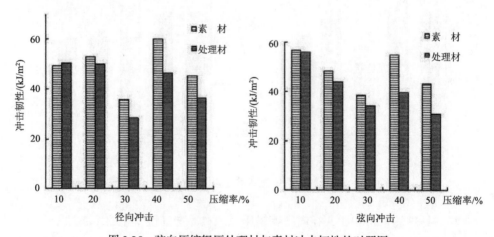

图 3.25　弦向压缩辊压处理材与素材冲击韧性的对照图

大青杨径切板弦向压缩处理试材的径、弦向冲击韧性与素材相比较，变化的比率见图 3.26。辊压处理材与素材相比，在各压缩率下，冲击韧性都发生了变化。随着压缩率的增大，径、弦向冲击韧性减小的比率增大，在由小到大的五种压缩率下，弦向压缩处理材径向冲击的冲击韧性变化的比率依次为 2.575%、−5.242%、−19.569%、−22.780%和−20.336%，弦向冲击韧性变化的比率是−0.714%、−8.816%、

−11.322%、−28.375%和−28.929%；同一压缩率下，弦向冲击韧性变化的百分率大于径向，可见，弦向辊压处理导致弦向冲击韧性的力学损失大于径向。

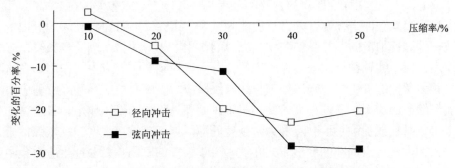

图 3.26　弦向压缩辊压处理材冲击韧性变化的百分率

## 3.3　本 章 小 结

饱水大青杨径、弦切板经过弦、径向辊压处理后，对辊压处理材和相对应的素材进行了多种物理力学性质的实验测试，通过对实验数据的计算和分析，结果表明：

(1)与素材相比，两个压缩方向各压缩率下的辊压处理材的全干密度、气干密度和基本密度都有所增加，气干密度增加的幅度最大，密度变异与压缩方向无明显相关，随着压缩率的增大，辊压处理材的三种密度有增加的趋势，密度变化的百分率小于 5%；

(2)与素材相比，辊压处理材的气干干缩系数(径向、弦向和体积)和全干干缩系数(径向、弦向和体积)随着压缩率的增大，逐渐增大，弦向压缩引起的干缩系数的变化大于径向压缩，干缩系数变化的比率的变动范围在−3.448%～23.678%之间；

(3)辊压处理大青杨木材的多种力学性质都发生了变化，在两种压缩方向(径向和弦向)和五种压缩率(10%、20%、30%、40%和 50%)下，各种力学强度有了不同程度的降低。随着压缩率的增加，降低的幅度增大；辊压处理材各种力学强度的变化情况可以通过力学强度变化的百分率得到准确反映；

(4)在同一压缩率下，对于顺纹抗压、抗剪和抗拉强度，径切板施行的弦向压缩导致的力学损失大于对弦切板施行的径向压缩；对于抗弯强度、抗弯弹性模量和冲击韧性，木材辊压处理导致在压缩方向上的力学损失大于其他方向；

(5)在所测试的几种力学强度中，辊压处理法对平行纹理方向的力学性质(顺纹抗压和抗拉强度)影响较小，力学强度变化的百分率范围为 2.391%～−11.535%，垂直纹理方向的力学性质(横纹抗拉强度、抗劈力和顺纹抗剪强度)次之，力学强度变化的百分率范围为–0.217%～–16.877%，对抗弯强度、抗弯弹性模量和冲击韧性影响较大，力学强度变化的百分率范围为 4.417%～–28.929%。在对抗弯强度、抗弯弹性模量和冲击韧性三种力学性能测试时，试件受力弯曲和破坏的过程中，测试试件靠近加荷的一侧受到顺纹压应力的作用，相对的另一侧受到顺纹拉应力的作用，由中性轴稍偏向压应力一侧的部分木材受到顺纹剪应力的作用。在前面的多种力学性能分析中，辊压处理材的顺纹压应力、顺纹拉应力和顺纹剪应力都随着压缩率的增大，不同程度的减小；辊压处理过程中的挤压作用，在木材细胞壁上形成折痕或裂隙(见 5.2)等力学强度的薄弱点，对抗弯强度、抗弯弹性模量和冲击韧性进行点加荷的测试方式在这些力学强度的薄弱点更易产生应力集中。受这些因素的影响，辊压处理材的抗弯强度、抗弯弹性模量和冲击韧性三种力学性能随着压缩率的增大，下降的幅度自然就会更大一些。

# 第4章 辊压处理的工艺特性

对饱水大青杨板材施行辊压处理，液面下板材被横向压缩后，回弹过程中处理药剂被浸注到木材内；木材防护药剂的浸注效果（浸注深度、浸注后的含水量等），除与压缩率的大小有关外，与辊压次数、辊压后的浸泡时间等因素也有密切关系。

## 4.1 含水率变异

辊压浸注处理木材是以水作为载体，进行防护药剂的渗透和传递，不同的辊压处理工艺，将引起含水率的变异而影响浸注处理的效果；辊压浸注处理后，试材含水量的多少也将影响以后的加工工序；同时还要考察辊压处理材的制品在使用过程中，环境条件下的含水率变异。

### 4.1.1 浸泡时间对含水率变化的影响

研究饱水大青杨径、弦切板辊压浸注处理后，不同压缩率下，水中的浸泡时间对辊压处理材含水率的影响。

#### 4.1.1.1 材料、方法和设备

选择材性相近、无节疤、纹理均匀通直的大青杨径、弦切板若干块，由每块板材锯制标准的径切、弦切板试材 24 块，试材尺寸 100 mm（L）× 60 mm（W）× 10 mm（T）。辊压机，压辊直径 200 mm，主动辊转速 13 r/min；数显电子秤（精度 0.01 g）。

将来源于同一板材的 24 块试材编号平均分为 3 组（3 个压缩率），顺序进行全干重、饱水处理并称重后，分别进行压缩率为 10%、30% 和 50% 的辊压处理；液槽中注入清水，液面与上压辊的轴线平齐，试材辊压过程在水面下进行，辊压处理的试材离开压辊接触空气之前，分别在水中浸泡 0 min、5 min、35 min 和 95 min。每个压缩率下的 8 块试材，分为 4 小组，每小组 2 块，分别对应 4 种浸泡时间，

试材由液槽中取出用滤纸吸干表面的水分后迅速称重。通过计算能够得出，每一块试材饱水时的含水率、某种压缩方向某一压缩率下某个浸泡时间时的含水率；本实验是为了考察 3 种压缩率下，与辊压处理前饱水状态的含水率相比，水中不同的浸泡时间对辊压处理材含水率变化的影响。为此，将辊压处理后，试材某一测试条件下的含水率与辊压处理前饱水状态含水率的差值占压缩前饱水时含水率的百分比，定义为含水率变化的百分率。计算公式如下：

$$T = \frac{W - W_0}{W_0} \times 100\%$$

式中，$T$——含水率变化的百分率，%；

　　　$W$——试材辊压处理后某一测试条件下的含水率，%；

　　　$W_0$——试材辊压前饱水时的含水率，%。

### 4.1.1.2　结果与讨论

　　按照含水率变化的百分率的计算方法，饱水大青杨板材径向压缩和弦向压缩含水率变化的百分率的实验结果见图 4.1 和图 4.2。图中横坐标为浸泡时间(min)，纵坐标为含水率变化的百分率(%)。

　　图 4.1 是径向压缩辊压处理材在三种压缩率(10%、30%和 50%)，实验试材在水中浸泡不同时间的情况下，含水率变化的百分率。图中可见，在 10%的压缩率下，辊压结束即取出试材称量，此时，试材的含水率略高于辊压前饱水时；但随着压缩率的增大，辊压结束的瞬间，试材含水率变小，说明较低的压缩率下，由于辊压而在瞬间失去的水量，短时间内即能得到补偿，补偿的水量甚至大于失去的水量，随着压缩率的增大，瞬间补偿的速度减慢。由压缩率 10%的曲线可看到，瞬间的补偿结束后，试材的含水率又开始减少，水中浸泡 5 min 时，试材的含水率小于辊压前饱水时；随着压缩率的增大，辊压结束水中浸泡的短时间内(5 min)，含水率都略低于辊压前饱水时，随着浸泡时间的增加，各压缩率下试材含水率都呈逐渐增加的趋势，浸泡 95 min 时，各压缩率下的含水率已经接近，并接近辊压前饱水时含水率，此时的含水率与辊压前饱水时相比，变化最大的仅为–0.707%。

　　图 4.2 中是弦向压缩的三种压缩率不同浸泡时间下，与辊压前饱水时相比，辊压处理材含水率变化的百分率。图中可见，弦向压缩辊压处理材含水率变化的幅度大于径向压缩。辊压结束的瞬间，随着压缩率的增大，含水率明显减小；低压缩率下的变化远小于高压缩率。随着浸泡时间的延长，高压缩率下的含水量迅速得到补偿，50%的压缩率，浸泡 5 min 后，含水率变化的百分率 $T$ 由–14.851%变为–4.939%；随着浸泡时间的延长，低压缩率试材的含水率由逐渐减少变为逐

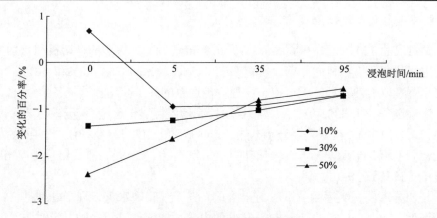

图 4.1　径向压缩含水率变化图

渐增加，高压缩率试材的含水率一直是逐渐增加的趋势，各压缩率下试材的含水率随着浸泡时间的延长逐渐接近，浸泡 95 min 时，各压缩率下试材的含水率变化的百分率已在-3%以内。

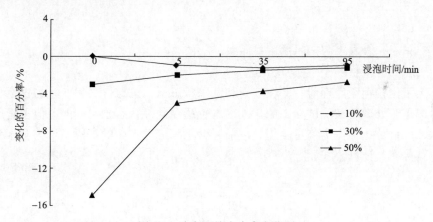

图 4.2　弦向压缩含水率变化图

　　通过以上两个实验可知，大青杨板材辊压处理后含水率的变化因压缩方向和浸泡时间而异，随着浸泡时间的延长，含水率有所增大，短时间内仍小于辊压处理前饱水时的含水率。

## 4.1.2　不同状态的含水率变异

　　本实验研究饱水大青杨板材辊压处理前后，试验试材在气干、饱水两种状态下，含水率的变异规律。

## 4.1.2.1  材料、方法和设备

试材尺寸 150 mm(L) × 60 mm(W) × 10 mm(T)，为标准的径切板和弦切板，分别进行弦向压缩和径向压缩，压缩率取 10%、20%、30%、40%和 50%，每个压缩率下选取材性相近、无节疤、纹理均匀通直的径、弦切板试材各 15 块。

实验设备：SDH301 型数字显示自动控制低温湿热试验箱(重庆银河试验仪器有限公司)；101－2A 型数字显示电热鼓风干燥箱(天津市泰斯特仪器有限公司)；辊压机，上辊为主动辊，下辊为从动辊；压辊直径 250 mm，压辊转速 16 r/min；数显电子秤(精度 0.01 g)。

辊压处理前，顺序测量试材的全干重、气干重和饱水重，气干处理是将试材置于温度 20±2℃、相对湿度 65%±5%的电热恒温恒湿试验箱中，定时测量，直至平衡；辊压处理后，顺序测量试材的饱水重和气干重；根据如下公式计算试材辊压处理前后气干和饱水时的绝对含水率：

$$W = \frac{m_1 - m_0}{m_0} \times 100\%$$

式中，$W$——绝对含水率，%；

$m_1$——含水率测定时的试材质量，kg；

$m_0$——试材的全干质量，kg。

为了比较辊压处理前后，在气干和饱水状态下，试材含水率变化的程度和水平，以辊压处理后某测试状态的含水率与辊压前同一状态含水率的差值占辊压前含水率的百分比，作为衡量辊压处理前后含水率变动多少的指标，称为含水率变化的百分率。计算公式如下：

$$T = \frac{W_1 - W_0}{W_0} \times 100\%$$

式中，$T$——含水率变化的百分率，%；

$W_1$——辊压处理后某测试条件下的含水率，%；

$W_0$——辊压处理前同一测试条件下的含水率，%。

## 4.1.2.2  结果与讨论

根据前述木材含水率的计算公式，得出每一个试材辊压处理前后在气干和饱水状态时的含水率，取平均值列入表 4.1 中。

由表中可知，辊压处理后，径向压缩和弦向压缩的试材在各压缩率下，气干时的含水率都小于辊压处理前，而饱水时的含水率都大于辊压处理前。

木材中的水分，根据与木材的结合形式和存在位置，分为化学水、吸着水和自由水三种；置于干燥空气中的湿木材，首先蒸发的是自由水，当自由水蒸发殆尽，吸着水开始蒸发的时候，木材此时的状态称为纤维饱和点；不同树种纤维饱和点的含水率差别较小，一般认为在 23%～31% 之间，平均为 30%。如上述过程中，水分继续蒸发，则是吸着水的减少。吸着水在木材中以吸附水和微毛细管水两部分组成，吸附水是被吸附在微晶表面和无定形区域内纤维素分子游离羟基上的水分，它仅仅被吸附在微晶的表面，并不进入微晶之内。吸附水数量取决于木材内表面的大小和游离羟基的多少。吸着水中的微毛细管水，存在于组成细胞壁的微纤丝、大纤丝之间所构成的微毛细管系统内，依靠液体水的表面张力而与木材呈物理机械状态的结合。

**表 4.1　试材辊压处理前后气干和饱水状态下的含水率**

| 压缩率/% | 压缩前含水率/% | | | | 压缩后含水率/% | | | |
| | 气干 | | 饱水 | | 气干 | | 饱水 | |
| | 径向压缩 | 弦向压缩 | 径向压缩 | 弦向压缩 | 径向压缩 | 弦向压缩 | 径向压缩 | 弦向压缩 |
| --- | --- | --- | --- | --- | --- | --- | --- | --- |
| 10 | 10.098 | 10.565 | 164.541 | 137.382 | 8.986 | 9.423 | 170.267 | 161.590 |
| | 0.741 | 1.520 | 19.913 | 13.045 | 0.992 | 0.917 | 15.558 | 23.963 |
| | 7.338 | 14.387 | 12.102 | 9.495 | 11.039 | 9.732 | 9.137 | 14.830 |
| 20 | 10.037 | 10.389 | 169.984 | 126.366 | 8.937 | 9.236 | 174.954 | 156.823 |
| | 0.912 | 1.671 | 22.104 | 12.343 | 0.626 | 1.822 | 13.395 | 15.927 |
| | 9.086 | 16.084 | 13.004 | 9.768 | 7.005 | 19.727 | 7.656 | 10.156 |
| 30 | 10.170 | 10.524 | 156.371 | 144.388 | 8.858 | 9.410 | 163.833 | 170.445 |
| | 0.848 | 1.136 | 10.672 | 23.006 | 1.134 | 1.435 | 20.731 | 22.279 |
| | 8.338 | 10.794 | 6.825 | 15.933 | 12.802 | 15.250 | 12.654 | 13.071 |
| 40 | 10.113 | 10.503 | 151.240 | 124.645 | 8.890 | 9.314 | 166.636 | 163.541 |
| | 2.107 | 1.944 | 18.628 | 21.570 | 1.439 | 1.205 | 14.426 | 17.017 |
| | 20.835 | 18.509 | 12.317 | 17.305 | 16.187 | 12.938 | 8.657 | 10.405 |
| 50 | 10.036 | 10.530 | 152.147 | 133.735 | 8.905 | 9.228 | 163.121 | 163.845 |
| | 0.933 | 1.275 | 17.030 | 20.376 | 0.834 | 0.751 | 14.148 | 19.073 |
| | 9.297 | 12.108 | 11.193 | 15.236 | 9.366 | 8.138 | 8.673 | 11.641 |

注：表中数值由上至下依次为平均值、标准差和变异系数(%)。

本实验中，气干条件下，木材的含水率已降至纤维饱和点以下，而辊压处理后试材的含水率小于辊压处理前，说明此状态下，辊压处理试材的吸着水含量少于辊压处理前；木材经过压辊的挤压处理，内部的微观结构和水分的连接状态要发生一定的变化。由 5.1 可知，辊压处理后，试材的纤维素相对结晶度略有增加；这种变化导致辊压处理后试材的结晶区的面积略有增加，而无定形区（非结晶区）和游离羟基数量减少，细胞壁内的微纤丝、大纤丝之间的微毛细管数量有所调整，辊压处理后细胞壁上出现的褶皱和裂隙（见 5.2）使微毛细管的直径增大而使水的表面张力变小，失去对水分子的吸纳作用。

　　木材中的自由水存在于大毛细管系统中，即存在于细胞腔和细胞间隙中的水分，与木材呈物理的结合，结合并不紧密。自由水的最大量与木材密度成反比，而与其空隙度成正比。不同树种自由水的最大含量变化很大，一般在 60%~70%至 200%~250%之间。辊压浸注处理时，木材离开压辊的瞬间，被压扁的细胞腔由于外力的突然消失而猛烈反弹，腔内出现真空，饱腔内外的压力作用于细胞壁强度的薄弱处-纹孔膜而致其破裂以使压力得到释放；由于木材反弹过程中细胞腔内所产生负压的迅速"吸入"作用，以及部分纹孔膜破裂导致的渗透性增加（水分进入的阻力降低）这样的双重效果，使得辊压处理后的饱水试材的含水率有时能高于辊压前的水平。

　　辊压处理前后，试材在气干和饱水两种状态下，含水率变化的百分率见图 4.3（图中曲线含义：如"饱水弦向"是指弦向压缩辊压处理材饱水时的含水率与辊压处理前饱水时含水率相比变化的百分率）。图中可知，气干状态下，径、弦向压缩的试材含水率变化的百分率差异不大，约-10%左右，随着压缩率的增大，略有增加的趋势；饱水状态下，径、弦向压缩试材含水率变化的百分率差异明显，弦向压缩试材含水率变化的百分率大于径向压缩的试材，同一压缩率下，弦向压缩高出径向压缩 13.428%~22.405%，随着压缩率的增大，径、弦向压缩饱水时含水率变化的百分率有增大的趋势。

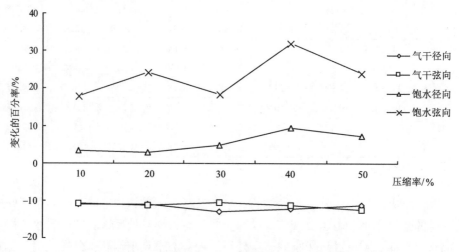

图 4.3　辊压处理前后，试材含水率变化的比率

### 4.1.3　干燥特性

本实验使用电热干燥箱干燥待测试的饱水试材，在(103±2)℃的恒温中，通过测试木材含水率的下降速度来间接反应辊压处理材与素材在干燥性能方面的变异。

#### 4.1.3.1　材料、方法和设备

试材为标准的径切板和弦切板，尺寸为：100 mm(L)×60 mm(W)×10 mm(T)，径切板和弦切板分别由材性构造相近、无节疤、纹理均匀通直的同一块板材锯制而成，含素材在内，每个压缩率下8块试材。

实验试材经过饱水处理，在辊压机中分别进行了压缩率为10%、20%、30%、40%和50%的压缩处理后，连同素材再一次饱水处理，将101－2A型数字显示电热鼓风干燥箱的温度调至(103±2)℃并升温稳定后，将完成饱水处理的试材立放于干燥箱中，同时开始计时。根据预备实验中的经验，在试材含水率降为10%以前，试材称重的时间间隔为0.5 h；含水率降为10%以后，试材称重的间隔为1 h，直至试材烘至全干。

101－2A型数字显示电热鼓风干燥箱(天津市泰斯特仪器有限公司)；辊压机：上辊为主动辊，下辊为从动辊；压辊直径250 mm，压辊转速16 r/min；数显电子秤(精度0.01 g)。

#### 4.1.3.2　结果与讨论

由各时间间隔测试点得到的试材质量和实验结束时量取的全干材质量，根据4.1.2.1中含水率的计算公式，计算出各相应测试点的含水率；通过计算平均值可得到素材和两个压缩方向各压缩率下试材的测试间隔时间与当时含水率的对应值，根据数据制作的图4.4和图4.5分别是试材干燥到9个小时的各时间段的含水率。

由图中看到，尽管初含水率存在差异，但从含水率下降曲线斜率的不同，不同压缩率下试材的含水率下降速度是不一样的。径、弦向辊压处理材的含水率下降速度都大于对应的素材；随着压缩率的增大，辊压处理试材下降曲线的斜率都变大，含水率下降的速度加快；对于弦切板，干燥至3个小时左右，含水率降至30%，而对于径切板，降到同样含水率，需要近5个小时。

由两图中干燥后期变化图的放大部分可见，当含水率降到10%时，辊压处理材和素材所需要的时间有明显差异，对于径向压缩，素材及压缩率分别为10%、20%、30%、40%和50%的试材的干燥时间依次是4.5 h、4.3 h、4.4 h、4.0 h、4.2 h和3.5 h。干燥时间分别减少了4.44%、2.22%、11.11%、6.67%和22.22%；对于弦向压缩试材，干燥时间分别减少了8.04%、9.33%、13.33%、13.33%和24.21%。限于实验设备，本次试验采用较小尺寸的木材试件，总体干燥的绝对时间就比较

短，实际上，对于生产实践中较大尺寸的辊压处理试材，干燥时节省的时间还会更为明显。

试材干燥过程中，用单位时间(h)内含水率的变化能直观地反应素材和辊压处理材的含水率下降速度。从图4.4和图4.5中看到，含水率下降到纤维饱和点以前，含水率变化的曲线近似于直线，所以，含水率下降速度的计算确定为从干燥开始到接近纤维饱和点这一段，径向压缩的计算是从干燥开始到干燥到3个小时，弦向压缩是从干燥开始到干燥到5个小时。径向压缩和弦向压缩试材的含水率下降速度见表4.2。

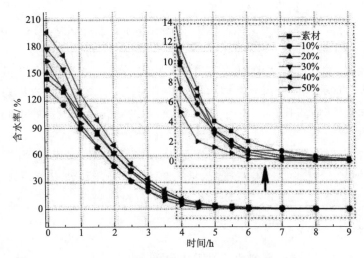

图4.4　径向压缩试材的含水率变化图

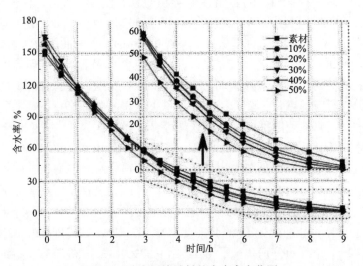

图4.5　弦向压缩试材的含水率变化图

**表 4.2 不同压缩率下，含水率的下降速度**

| 压缩率/% | 径向压缩 | | 弦向压缩 | |
|---|---|---|---|---|
| | 初含水率/% | 含水率下降速度/(%/h) | 初含水率/% | 含水率下降速度/(%/h) |
| 0 | 144.428 | 39.639 | 148.523 | 23.866 |
| 10 | 132.907 | 37.503 | 151.517 | 25.295 |
| 20 | 151.458 | 40.753 | 157.749 | 26.682 |
| 30 | 177.932 | 49.366 | 165.582 | 28.688 |
| 40 | 196.747 | 54.154 | 158.403 | 27.311 |
| 50 | 164.587 | 48.089 | 163.991 | 29.434 |

由上表可知，无论径、弦向压缩，辊压处理材单位时间内含水率的下降速度都大于素材，说明木材经过辊压处理后，破坏的纹孔膜、细胞壁上的褶皱、裂隙及胞间层上的裂隙（见 5.2）等变化对水分的传递起到明显的改善作用；同时，随压缩率的增大，含水率下降的速度加快。此外，径向压缩试材（弦切板）的含水率下降速度明显大于弦向压缩试材（径切板），这与木材内细胞壁上的纹孔在径面壁和弦面壁上分布数量的差异有关。

## 4.1.4 辊压次数对含水率的影响

大青杨板材，辊压浸注处理结束后，在相同压缩率下，继续进行辊压无浸注压缩处理，通过不同的辊压次数来考察试材含水率的变化。

### 4.1.4.1 材料、方法和设备

选取源于同一块大青杨板材上的材性构造相近、无节疤、纹理均匀通直的标准的径、弦切试材各 50 块，试材尺寸：100 mm (L) × 60 mm (W) × 10 mm (T)，每个压缩率 10 块试材，分为 5 个压缩率；实验中要求，每完成一轮压缩后，迅速称重，然后进行下一轮压缩。

饱水处理后，称量饱水时试材的质量；辊压试验分为径向压缩和弦向压缩两组进行，液槽注清水与上压辊轴线平齐，依次调整压缩率为 10%、20%、30%、40% 和 50%，进行辊压处理，同时，称量辊压浸注后的试材质量；各压缩率下的辊压浸注结束后，将液槽中的水放掉，液槽空置，对刚刚进行过辊压浸注处理的试材，再次进行相同压缩率下的无浸注压缩处理，分别在压缩 1 次、3 次、5 次和 8 次的时候，称量试材的质量；实验结束后，试材进行电热干燥处理，称量试材的全干重。

辊压机，上辊为主动辊，下辊为从动辊，压辊直径 200 mm，主动辊转速 13 r/min；数显电子秤（精度 0.01 g）；电热干燥箱。

### 4.1.4.2 结果与讨论

依据 4.1.2.1 中含水率的计算公式，分别计算出实验试材在饱水时、辊压浸注后、再次对试材施行同一压缩率下辊压无浸注 1 次、3 次、5 次和 8 次时的含水率。通过计算平均值，得到了辊压处理试材两个压缩方向各压缩率下饱水时、辊压浸注后、无浸注压缩 1 次、3 次、5 次和 8 次时与含水率的对应关系。见图 4.6 和图 4.7。

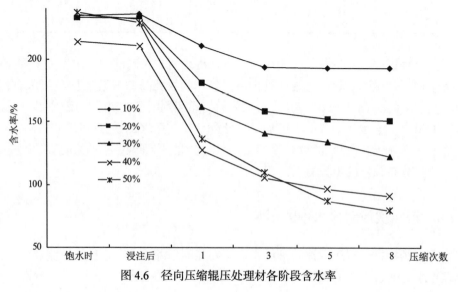

图 4.6 径向压缩辊压处理材各阶段含水率

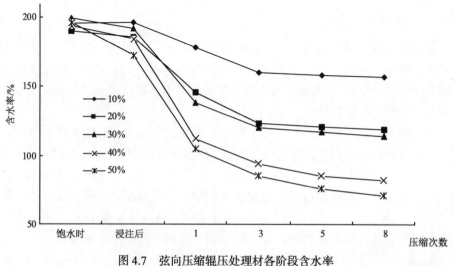

图 4.7 弦向压缩辊压处理材各阶段含水率

　　由图中看到,在每个压缩率下,随着压缩次数的增加,试材的含水率在逐渐减小,同时,含水率减小的幅度也在变小,这种情况在低压缩率中体现得更加明显;尽管各压缩率下的初含水率(辊压浸注后)略有差异,但随着压缩率的提高,在相同压缩次数下,高压缩率能压挤出更多的水分;在高压缩率下,随着压缩次数的增加,含水率的减少速度在变小,但减小的幅度要大于低压缩率时的情况。

　　在各种压缩率下,当压缩次数大于 3 时,含水率降低的速度明显减缓;当压缩率高于 40%时,通过 3 次辊压处理,含水率已降为初含水率的一半以下;可以想象,当压缩次数增大到某一数值时,即使在高压缩率下,试材的含水率也不再减小。

　　由于辊压法浸注处理木材的对象是湿材和生材,对已经完成浸注处理的木材,仍然具有相当高的含水率和较高的药剂含量,这一点,从以上两图中可以得到相应的结论;针对这种情况,可以通过对已完成浸注处理的木材进行二次辊压无浸注处理,将木材中的大量水分和不必要的过多数量的药剂压挤出木材,减少辊压处理材后期的干燥时间和干燥消耗的能量,最大限度地提高药剂的利用效率,减少处理材在药剂含量方面的成本,使药剂在木材内的含量正好合适而不是过量;同时,可将表层的药剂进一步挤向木材深层,增加辊压处理材保护层的防护厚度。

　　上述实验表明,对处理材的再次辊压处理,对工艺要求中含水率的大小、药剂的含有量及二次辊压后的技术指标,可以通过增加辊压次数和提高压缩率等方法,在短时间内得以实现。

# 4.2　浸 注 深 度

　　对饱水大青杨板材的辊压浸注处理,药剂的浸注深度是木材防腐、木材阻燃等防护处理的主要指标之一,通过调整辊压次数、浸泡时间等工艺措施来研究对浸注深度的影响。

## 4.2.1　与真空-加压法的对比

　　本实验是在常温下,使用水溶性染料[84-86]对由辊压浸注法所致的大青杨板材的渗透深度进行了研究,并与传统浸注方法真空-加压法进行了对比。

### 4.2.1.1　材料、方法和设备

　　取材性构造相近、无节疤、纹理均匀通直的大青杨板材,制作尺寸为 150 mm(L) × 60 mm(W) × 20 mm(T)标准的径、弦切板试材各 25 块,用于辊压浸注实验;同时,

选取材性相近、纹理均匀通直的大青杨板材, 锯制如上尺寸试材 20 块; 用于真空-加压浸注实验。染料: 酸性红 GC.I 18050 MW 509.41。

辊压浸注法分为径、弦向压缩, 压缩率为 10%、20%、30%、40%和 50%, 每个压缩率下 5 块试材, 辊压浸注处理结束即由液槽中取出试材。

真空-加压浸注法是在常温下, 按如下 4 种工艺条件进行处理, 每种处理工艺 5 块试材。

空细胞法 1: 加压 20 min, 压力 0.2MPa;

满细胞法 1: 前真空 10 min, 真空度 0.095 MPa; 加压 20 min, 压力 0.2 MPa;

空细胞法 2: 加压 20 min, 压力 0.6MPa;

满细胞法 2: 前真空 10 min, 真空度 0.095 MPa; 加压 20 min, 压力 0.6 MPa。

用于辊压浸注处理的试材在辊压试验前, 需进行饱水处理; 用于真空-加压法浸注处理的试材含水率调整为 8%～12%。用于检测浸注深度的酸性红 G 水溶液按质量比 0.3%的浓度配制, 液槽注入的酸性红 G 水溶液与上压辊轴线平齐。辊压浸注处理和真空-加压浸注处理结束后, 处理试材迅速进行强制干燥, 将全干试材纵向、横向剖开, 取点测量红色染料在不同的浸注方法中在径向、弦向和纵向的浸注深度。

辊压机, 压辊直径 200 mm, 压辊转速 13 r/min; 真空-压力处理罐, 300 mm(D)×400 mm(H); 101－2A 型数字显示电热鼓风干燥箱(天津市泰斯特仪器有限公司); 数字显示游标卡尺(哈尔滨量具刃具厂, 精度 0.001 mm)。

### 4.2.1.2　结果与讨论

经过饱水处理的试材在两个压缩方向和五个压缩率的条件下, 在酸性红 G 水溶液液面下进行辊压处理; 本实验中的真空-加压浸注法选用目前工业生产中广泛使用的两种典型的木材防护处理工艺: 空细胞法(Lowry 法)和满细胞法(Bethell 法), 在真空-压力处理罐内用与辊压法相同浓度的酸性红 G 水溶液进行浸注处理试验。两种处理方法均在常温下进行, 浸注处理后的试材迅速置于电热干燥箱中快速干燥, 直至全干。计算各浸注工艺条件下每个试材径向、弦向和纵向浸注深度的平均值, 试验结果见图 4.8。横坐标上, 压缩率后面括号中的文字表示对试材的压缩方向。

图 4.8 中, 考察 14 种各不相同的浸注处理工艺, 对于辊压浸注处理, 引起的径向和弦向的浸注深度因压缩方向而异, 在压缩方向上的浸注深度略大; 而对于真空-加压浸注处理, 径向浸注深度微大于弦向。在辊压浸注处理中, 随着压缩率的增大, 径向、弦向和纵向的浸注深度在增加, 当压缩率为 30%及以上时, 这种增加更加显明, 尤其是纵向浸注深度。压缩率为 10%的径、弦向压缩, 径、弦向浸注深度在 0.5～0.9 mm 之间, 纵向浸注深度在 0.9～1.1 mm 之间; 压缩率为 20%的径、弦向压缩, 径、弦向浸注深度在 1.3～2.0 mm 之间, 纵向浸注深度在 2.8～

3.1 mm 之间；压缩率为 30%及以上的径、弦向压缩，径、弦向浸注深度大于 3.9 mm，纵向浸注深度大于 10 mm。

　　在国家林业行业标准《防腐处理木材的使用分类和要求》中，对使用在户内外的防腐处理材根据使用条件和应用环境分为五类[C1、C2、C3、C4(C4A 和 C4B)和 C5]，并对防腐木材中药剂的浸注深度作了具体的要求。在标准中，药剂的浸注深度是以不同方向的最小浸注深度为准，当辊压处理材的压缩率达到 30%时，采用辊压浸注防腐药剂的处理材已达到 C3 类(浸注深度≥5.0 mm，用于户外环境中使用，不接触土壤，避免长期浸泡在水中，能有效抵抗蛀虫、白蚁、木腐菌的侵蚀)的防腐要求。

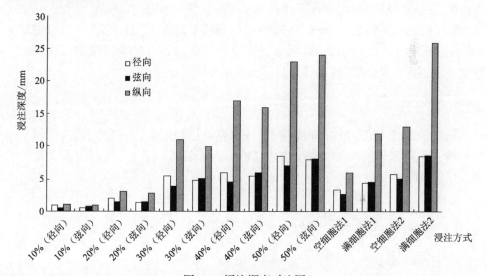

图 4.8　浸注深度对比图

　　图中可见，真空-加压浸注法中的满细胞法 1 和空细胞法 2 引起的径向、弦向和纵向浸注深度与辊压浸注处理法中的压缩率为 30%的水平相当，而满细胞法 2 引起的浸注深度与压缩率为 50%的水平接近。

## 4.2.2　辊压次数对浸注深度的影响

　　同一压缩率下，利用颜色明亮的水溶性染料，研究不同的辊压次数对试材径向、弦向和纵向三个方向上浸注深度的影响。

### 4.2.2.1　材料、方法和设备

　　取材性构造相近、无节疤、纹理均匀通直的大青杨板材制作实验试材，试材

尺寸 150 mm(L) × 60 mm(W) × 20 mm(T)，为标准的径切板和弦切板；染料，酸性红 GC.I 18050 MW 509.41。

辊压浸注处理分为径向压缩和弦向压缩，压缩率为 10%、20%、30%、40% 和 50%。每一种压缩率下，又分为压缩 1 次、3 次和 5 次三种浸注处理工艺。

试材在辊压浸注试验前，需进行饱水处理；用于检测浸注深度的酸性红 G 水溶液按质量比 0.3%的浓度配制，液槽注入的酸性红 G 水溶液与上压辊轴线平齐。试验中，试材的辊压次数多于 1 次的，要求上一次辊压结束后，迅速进行下一次辊压处理，所有的辊压浸注处理都在酸性红 G 水溶液液面下进行。辊压结束后，处理试材迅速进行强制干燥，将全干试材纵向、横向剖开，取点测量红色染料在不同的压缩率不同的辊压次数下在径向、弦向和纵向的浸注深度。

辊压机，压辊直径 200 mm，压辊转速 13 r/min；真空-压力处理罐，300 mm(D) × 400 mm(H)；101－2A 型数字显示电热鼓风干燥箱(天津市泰斯特仪器有限公司)；数字显示游标卡尺(哈尔滨量具刃具厂，精度 0.001 mm)。

#### 4.2.2.2　结果与讨论

每一块试材径向、弦向和纵向的浸注深度经过测量后，各压缩率下辊压 1 次、3 次和 5 次的三个浸注方向取平均值，得出各压缩率下浸注深度与辊压次数的关系。见图 4.9～图 4.13。

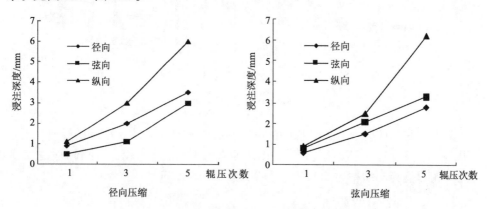

图 4.9　10%压缩率下辊压次数对浸注深度的影响

图 4.9 表示，在 10%的压缩率和分别进行径向和弦向压缩的情况下，试件径向、弦向和纵向浸注深度与辊压次数 1 次、3 次和 5 次的关系。随着辊压次数的增加，三个方向的浸注深度增大；纵向浸注深度远大于径、弦向，且与压缩方向无明显相关；径、弦向浸注深度相近，各自在压缩方向上的浸注深度略大；经过 3 次辊压处理，与 1 次辊压相比，径、弦向浸注深度由 0.5～0.9 mm 提高到 1.1～

2.1 mm，纵向由 0.9～1.1 mm 提高到 2.5～3.0 mm；5 次辊压后，径、弦向浸注深度提高到 2.8～3.5 mm，纵向提高到 6.0～6.2 mm；每增加 2 次辊压，浸注深度都提高了 100%以上；可见，在 10%压缩率下，增加辊压次数，能大幅度地提高浸注深度。

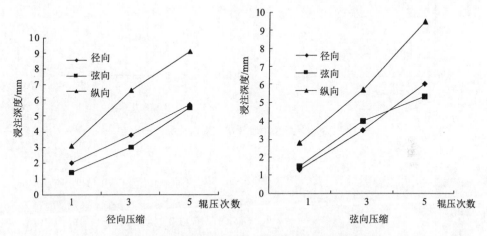

图 4.10　20%压缩率下辊压次数对浸注深度的影响

　　20%压缩率下，辊压次数的变化对径向、弦向和纵向三个方向浸注深度的影响见图 4.10。随着辊压次数的增加，三个方向的浸注深度在增大。试材的压缩方向对纵向浸注深度无明显影响，而对于径、弦向浸注，在压缩方向上的深度略大；与 10%的压缩率相比，相同的辊压次数不同的压缩方向所对应的径、弦向浸注深度在逐渐接近。辊压 3 次后，径、弦向浸注深度由 1.3～2.0 mm 提高到 3.0～4.0 mm，纵向由 2.8～3.1 mm 提高到 5.7～6.6 mm；辊压 5 次后，径、弦向浸注深度提高到 5.3～6.0 mm，纵向浸注提高到 9.1～9.5 mm。

　　图 4.11 表示的是在 30%压缩率下，辊压次数对浸注深度的影响。图中显示，随着辊压次数的增加，三个方向上的浸注深度在增大，但与 10%和 20%的压缩率相比，增大的趋势明显减缓，在径、弦向浸注深度上的反映较纵向尤为突出。在辊压 3 次的基础上，辊压 5 次所引起浸注深度的变化明显小于辊压 3 次相对于 1 次的变化，尤其是在纵向浸注的表现上。对试件压缩方向的改变与在三个方向上浸注深度的差异无显著相关，径、弦向的浸注深度继续接近且不因对试材不同的压缩方向而异。经过 3 次辊压处理，径、弦向的浸注深度由 1 次辊压的 3.9～5.1 mm 提高到 5.3～6.0 mm，纵向由 10～11 mm 提高到 17～19 mm；经过 5 次辊压处理，径、弦向的浸注深度提高到 6.0～7.0 mm，纵向提高到 20～22 mm。

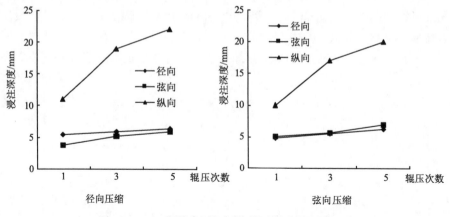

图 4.11　30%压缩率下辊压次数对浸注深度的影响

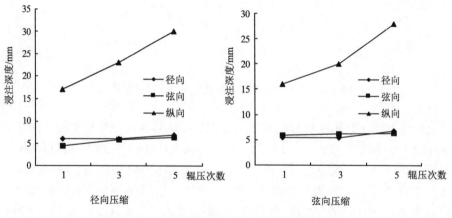

图 4.12　40%压缩率下辊压次数对浸注深度的影响

　　图 4.12 和图 4.13 分别是在 40%和 50%压缩率下，辊压次数对三个方向浸注深度的影响。由图看出，在 40%和 50%两个不同的压缩率下，浸注深度和辊压次数的关系表现出相近的特点。随着辊压次数的增加，三个方向的浸注深度增大，但增大的幅度明显减小，在这一点上，径、弦向浸注深度的表现更为显著；随着辊压次数的增加，在相同的辊压次数和不同的压缩方向下，径、弦向的浸注深度进一步接近。在 40%压缩率下，经过 3 次辊压处理后，径、弦向浸注深度由 1 次辊压处理的 4.5～6.0 mm 提高到 5.5～6.3 mm，纵向由 16～17 mm 提高到 20～23 mm；经过 5 次辊压处理后，径、弦向浸注深度提高到 6.4～7.0 mm，纵向提高到 28～30 mm。在 50%压缩率下，经过 3 次辊压处理后，径、弦向浸注深度由 1 次辊压处理的 7.0～8.5 mm 提高到 7.9～8.5 mm，纵向由 23～24 mm 提高到 27～29 mm；经过 5 次辊压处理后，径、弦向浸注深度提高到 8.7～9.0 mm，纵向提高到 32～33 mm。

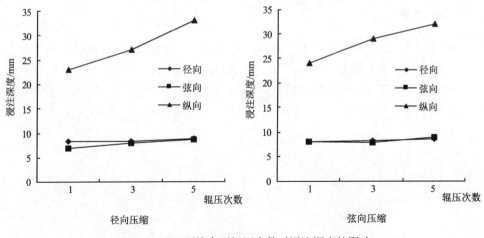

图 4.13　50%压缩率下辊压次数对浸注深度的影响

## 4.2.3　浸泡时间对浸注深度的影响

利用水溶性的酸性红 G 水溶液对大青杨板材施行辊压浸注处理，通过研究红色染料在辊压处理材的浸注深度来考察不同的浸泡时间对辊压处理材渗透性的影响。

### 4.2.3.1　材料、方法和设备

取材性构造相近、无节疤、纹理均匀通直的大青杨径、弦切板材制作试件，试件尺寸 150 mm(L) × 60 mm(W) × 20 mm(T)，为标准的径切板和弦切板试材；染料：酸性红 GC.I 18050 MW 509.41。

辊压浸注处理分为径向压缩和弦向压缩，压缩率为 10%、20%、30%、40% 和 50%。每一种压缩率下，试材分为 0 min、5 min、35 min、95 min 三种浸泡时间。

试材在辊压浸注试验前，需进行饱水处理；用于检测浸注深度的酸性红 G 水溶液按质量比 0.3%的浓度配制，液槽注入的酸性红 G 水溶液与上压辊轴线平齐。浸泡时间是指试材完成辊压浸注离开压辊至从液槽中取出为止的一段时间，此段时间内辊压浸注处理的试材被置放于液面下，不与空气接触；浸泡时间结束，从液槽中取出处理试材，迅速进行强制干燥，将全干试材纵向、横向剖开，取点测量红色染料在不同的压缩率不同的浸泡时间下在径向、弦向和纵向的浸注深度。

辊压机，压辊直径 200 mm，压辊转速 13 r/min；真空-压力处理罐，300 mm(D) × 400 mm(H)；101－2A 型数字显示电热鼓风干燥箱(天津市泰斯特仪器有限公司)；数字显示游标卡尺(哈尔滨量具刃具厂，精度 0.001 mm)。

### 4.2.3.2　结果与讨论

通过对每块辊压浸注处理试材径向、弦向和纵向浸注深度的测量，取相同压缩方向同一压缩率相同浸泡时间下的三个浸注方向各自的平均值，可得到两种压缩方向各压缩率下酸性红 G 对辊压处理材三个方向的浸注深度与浸泡时间的关系。分别见图 4.14～图 4.18。

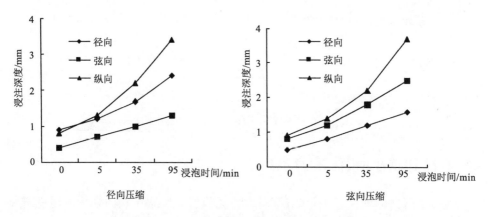

图 4.14　10%压缩率浸泡时间对浸注深度的影响

图 4.14 是 10%的压缩率，分别对大青杨板材施行径向压缩和弦向压缩的情况下，辊压处理材在酸性红 G 染料的水溶液中不同的浸泡时间里，在径向、弦向和纵向三个方向的浸注深度。由图中可见，两种压缩方向下，随着浸泡时间的延长，染料在三个浸注方向—径向、弦向和纵向上都有所增加，纵向浸注深度的增加大于径向和弦向；在木材的横向浸注方向上，染料在压缩方向的浸注深度大于与其相垂直的方向，径向压缩时，染料在径向的浸注深度大于弦向，弦向压缩时，弦向的浸注深度大于径向。参见 4.1.1 中的图 4.1，10%压缩率下，辊压浸注处理结束的瞬间，试材的含水率大于饱水时的数值，5 min 后，试材的含水率有所下降，这是因为在低压缩率下，由于压辊的挤压使含水率超过饱水时的试材内的水分又得到了释放，由于染料的扩散作用，时间的延长，将使其渗透深度加大。

20%压缩率下，浸泡时间对浸注深度的影响见图 4.15。两个压缩方向下，随着浸泡时间的增加，染料对辊压处理材径向、弦向和纵向的浸注深度增大，纵向浸注深度增大的幅度大于径向和弦向；在压缩方向上的浸注深度大于与其相垂直的方向，随着浸泡时间的增加，这一状态继续存在。径、弦向浸注深度的增长速度略小于 10%的压缩率。

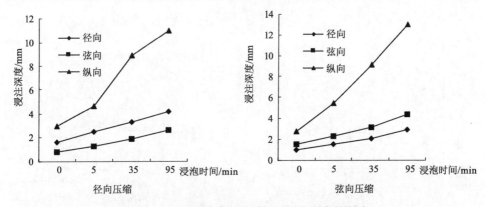

图 4.15　20%压缩率浸泡时间对浸注深度的影响

　　图 4.16 是在 30%压缩率下，辊压处理材在三个方向上的浸注深度随浸泡时间的延长而变化的情况。在两种压缩方向下，径向、弦向和纵向的浸注深度随浸泡时间的延长而增大，纵向浸注深度的增长速度大于其他两个方向；在各个浸泡时间段，压缩方向的浸注深度大于与其相垂直的方向；随着浸泡时间的增加，径、弦向的浸注深度在接近；与 10%和 20%的压缩率相比，径向、弦向和纵向三个方向浸注深度的增长速度随浸泡时间的延长而变缓。

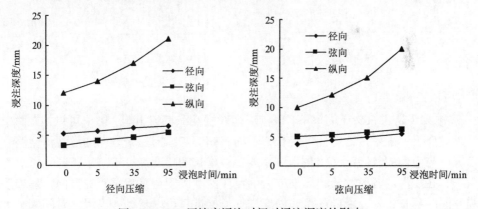

图 4.16　30%压缩率浸泡时间对浸注深度的影响

　　40%压缩率下，使用酸性红 G 水溶液辊压浸注大青杨板材，处理材在液槽中的浸泡时间对染料浸注深度的影响见图 4.17。两种压缩方向下，随着浸泡时间的延长，染料在试材三个方向上的浸注深度都在增加，纵向浸注深度的增长大于径向和弦向。与前面的 3 个压缩率相比，三个方向浸注深度增长的幅度在进一步减小；同一压缩方向下，在浸泡的各时间段，压缩方向的浸注深度大于与其相垂直的方向，随着浸泡时间的延长，径、弦向的浸注深度进一步接近。

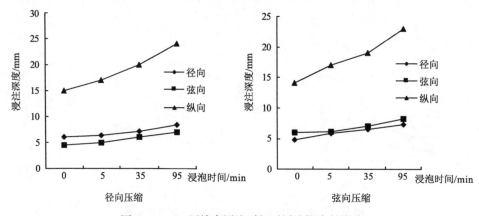

图 4.17　40%压缩率浸泡时间对浸注深度的影响

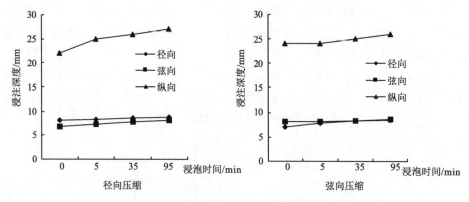

图 4.18　50%压缩率浸泡时间对浸注深度的影响

图 4.18 是在 50%压缩率下，浸泡时间对浸注深度的影响。图中可见，在两个压缩方向下，随着浸泡时间的延长，径向、弦向和纵向三个方向的浸注深度略有增大，与前面的 10%～40%的压缩率相比，增长的幅度进一步减小；同一压缩方向下，在浸泡的各时间段，压缩方向的浸注深度大于与其相垂直的方向，随着浸泡时间的延长，径、弦向的浸注深度进一步接近。可以预见，当浸泡时间远远大于实验中设定的时间时，径、弦向的浸注深度可能会相同。

## 4.3　本章小结

本章通过对饱水大青杨板材辊压浸注处理前后、处理过程中各阶段含水率的变化及浸注深度影响因素的研究，得出以下结论。

(1)饱水大青杨板材辊压浸注处理,辊压结束瞬间板材的含水率随压缩率的增大而减小；水中浸泡时间对板材含水率的影响弦向压缩大于径向压缩；随着浸泡时间的延长，含水率有所增加，短时间内仍小于辊压处理前饱水时的水平。

(2) 饱水大青杨板材辊压处理后，气干时的含水率小于辊压处理前，径、弦向压缩的试材含水率变化的百分率差异不大，约−10%，随着压缩率的增大，略有增加的趋势；辊压处理材饱水时的含水率大于辊压处理前，径、弦向压缩试材含水率变化的百分率差异显著，弦向压缩试材含水率变化的百分率大于径向压缩的试材，同一压缩率下，弦向压缩高出径向压缩 13.428%～22.405%，随着压缩率的增大，含水率变化的百分率有增大的趋势。

(3) 饱水大青杨板材经过辊压处理，与处理前相比，辊压处理材干燥过程中含水率下降速度加快；不同压缩率的处理材干燥到含水率 10%时所消耗的时间均少于素材，压缩率为 50%时的处理材节省的时间为 20%以上。随着压缩率的增大，对水分传递的改善作用愈加明显。

(4) 饱水大青杨板材辊压浸注处理后，再次进行同一压缩率下无浸注辊压处理。随着压缩次数的增加，试材的含水率在逐渐减小，同时，含水率减小的幅度也在变小；随着压缩率的提高，在相同压缩次数下，高压缩率能压挤出更多的水分；当压缩次数大于 3 时，含水率降低的速度明显减缓；当压缩率高于 40%时，通过 3 次辊压处理，含水率已降为初含水率的一半以下。这种后续处理工艺，将对辊压处理材的干燥效率和提高药剂浸注深度有重要意义。

(5) 采用辊压浸注法对饱水大青杨板材实施木材防护处理，与真空-加压浸注法相比，压缩率 30%引起的径向、弦向和纵向浸注深度与满细胞法 1(前真空10 min，真空度 0.095 MPa；加压 20 min，压力 0.2 MPa)和空细胞法 2(加压 20 min，压力 0.6 MPa)的水平相当；压缩率 50%引起的径向、弦向和纵向浸注深度与满细胞法 2(前真空 10 min，真空度 0.095 MPa；加压 20 min，压力 0.6 MPa)的水平接近。30%压缩率浸注处理材的浸注深度即能达到国家林业行业标准中户外防腐用材 C3 类的防腐要求。

(6) 通过增加辊压次数和延长辊压处理材在药剂中的浸泡时间等措施能明显改善药剂对木材的渗透性能，随着辊压次数的增加和浸泡时间的延长，径向、弦向和纵向的浸注深度增大，在压缩方向的浸注深度大于与其相垂直的方向，径、弦向的浸注深度在逐渐接近；随着压缩率的增大，浸注深度增加的趋势渐缓。

# 第5章  超微构造特征及DMA分析

饱水大青杨板材辊压处理后，木材的物理力学等性质发生了变异，本实验部分利用 X 射线衍射仪、扫描电子显微镜（SEM）和动态热机械分析仪（DMA）为研究手段，从素材和辊压处理材的纤维结晶度、细胞壁微观构造特征和热机械性能等层面对辊压处理材的某些宏观特征的变化进行研究和解析。

## 5.1  结  晶  度

木材是一种天然生成的由几种高聚物组成的有机复合体，其结构中纤维素质量约占木材细胞壁物质的 50%左右，且具有两相结构——结晶区和无定形区。结晶区占纤维素整体的百分率称为纤维素的结晶度。结晶区和无定形区的比例、结晶的完善程度随纤维的种类、纤维的部位而异。在纤维素纤维的微细结构中，结晶度是描述纤维素超分子结构的一个重要参数。

研究认为，木质材料随着结晶度的增加，纤维的抗拉强度、弹性模量、硬度、密度及尺寸稳定性等随之增加，而保水值、伸长率、染料吸着度、润胀度、柔软性及化学反应性随之降低；同时，结晶度又与植物生长期、纤维种类、纤维长度、纤维介电常数有关。因此，研究辊压处理给木材纤维结晶度带来的变化对木材利用的影响有一定的参考价值。

### 5.1.1  材料、方法和设备

挑选同一块板材内材性构造相近、无节疤、纹理均匀通直的标准的大青杨径切板和弦切板，板材横向锯解为六等份，一份作为实验的素材，其余五份饱水处理后，分别进行压缩率为 10%、20%、30%、40%和 50%的弦向压缩或径向压缩的辊压处理。气干后，将辊压处理材及对应的素材用植物粉碎机粉碎，筛制 80～120 目木粉，共制作 12 个样品。

设备采用从日本 Rigaku 公司引进的 D/max－3B 型 X 射线衍射仪，X 光管为 Cu 靶，用 Ni 片消除 CuKβ 辐射，管压 30 kV，管流 20 mA，测量方式采用 $2\theta/\theta$ 连动步进扫描，扫描步长 0.04°，预置时间 2 s，使用弯曲石墨晶体单色器，狭缝装置 $DS=1°$，$SS=1°$，$RS=0.15$ mm，$RSM=0.45$ mm，检测装置为闪烁计数器，扫描范围 5°～45°，扫描速度 5°/min，样品的 $2\theta(°)$ 衍射强度数据由计算机采集存盘。

## 5.1.2　结果与讨论

实验样品衍射强度曲线经扣本底和平滑处理，同一压缩方向样品的衍射强度都以素材为基数，依照压缩率由小到大的顺序，依次加上 400、800、1200、1600 和 2000 个单位后，径、弦向辊压处理材的 X 射线 $2\theta$ 衍射强度谱图见图 5.1 和图 5.2。

取 80～120 目气干木粉 200 mg 在室温下装样，每个样品分 3 次采样，取三次测试得到的衍射极大值和散射极小值的平均值作为 $I_{002}$ 和 $I_{am}$ 的数值。试验结果见表 5.1 和表 5.2。

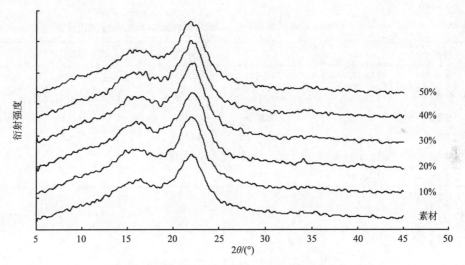

图 5.1　径向压缩辊压处理材 X 射线衍射强度谱图

表 5.1　径向压缩辊压处理材的相对结晶度和结晶度变化的百分率

| 样品 | $I_{002}$ | $I_{am}$ | $CrI$/% | 变化的百分率/% |
|---|---|---|---|---|
| 素材 | 1 201.576 | 665.403 | 44.622 | —— |
| 10% | 1 386.736 | 766.618 | 44.718 | 0.215 |
| 20% | 1 380.943 | 748.389 | 45.806 | 2.653 |
| 30% | 1 455.786 | 772.313 | 46.949 | 5.215 |
| 40% | 1 417.049 | 761.548 | 46.258 | 3.666 |
| 50% | 1 326.952 | 728.126 | 45.128 | 1.134 |

　　由表中看到，饱水大青杨板材经过辊压处理后，在不同压缩方向和不同压缩率下，辊压处理材的相对结晶度都略高于素材，辊压处理材相对结晶度与素材相对结晶度的差值占素材相对结晶度的百分比为辊压处理材相对结晶度变化的百分率。表中可知，径向压缩辊压处理材各压缩率下相对结晶度变化的百分率小于 6%，弦向压缩辊压处理材变化的百分率小于 5%，变化程度均小于 2.327%。可见，饱水大青杨板材辊压处理前后，相对结晶度的变化很小，同时，结晶度变化的百分率与压缩方向和压缩率无明显相关。

　　分析认为，辊压处理材相对结晶度略高的原因，是在辊压处理时，由于压辊的挤压作用，木材内位于纤维素结晶区和无定形区的过渡区域内，极少数纤维素分子链进行了重新调整和排列，形成了类似结晶区的结构，使得辊压处理材相对结晶度的测量值略有增加，而并不是由于辊压处理导致了结晶区的增加和无定形区的减少。

表 5.2　弦向压缩辊压处理材的相对结晶度和结晶度变化的百分率

| 样品 | $I_{002}$ | $I_{am}$ | $CrI$/% | 变化的百分率/% |
|---|---|---|---|---|
| 素材 | 1 353.284 | 734.353 | 45.735 | —— |
| 10% | 1 224.862 | 639.520 | 47.788 | 4.489 |
| 20% | 1 262.881 | 679.087 | 46.227 | 1.076 |
| 30% | 1 361.163 | 730.634 | 46.323 | 1.286 |
| 40% | 1 319.940 | 708.348 | 46.335 | 1.312 |
| 50% | 1 326.561 | 717.259 | 45.931 | 0.429 |

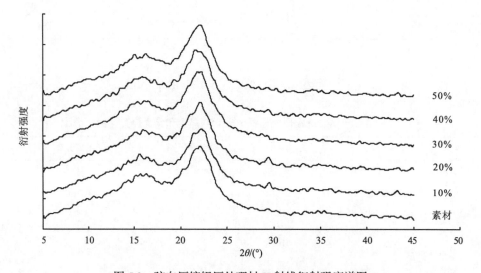

图 5.2　弦向压缩辊压处理材 X 射线衍射强度谱图

# 5.2　细胞壁特征

在对板材施行辊压浸注处理时,板材的进给方向与纹理方向平行;饱水大青杨板材在不同的压缩率下,压辊对板材横向压缩的瞬间,在平行于压力的方向上,板材的厚度变小,在垂直于压力的方向上,板材的宽度变大,由于宽度变大所带来的体积的增加远远小于厚度方向尺寸变小导致的体积减小(见第 7 章),所以,辊压瞬间板材的形状和尺寸发生了变化,板材的体积变小。木材是一种多孔性的材料,由大量的管状细胞组成,木材瞬间的体积变小,被压缩的体积只能由管状的细胞由于形状的改变来承担,通过减小细胞腔的空间来减少木材的体积。由此可知,在不同的压缩率下,在压缩的瞬间,组成木材的管状细胞的细胞腔被不同程度的压扁。本节利用环境扫描电子显微镜观察并研究不同压缩率下,细胞腔被压扁过程中,细胞壁、细胞壁上的纹孔、细胞间隙的变化情况。

扫描电子显微镜是近 40 年来获得迅速发展的一种新型电子光学仪器。它的成像原理与光学显微镜或透射电子显微镜不同,不是以照明束穿过样品,通过透镜放大成像,而是用极细的聚焦电子束在样品表面进行扫描,电子束与样品作用后将激发产生二次电子等物理信息,再由相应的检测器接收,经过放大、转化,变成电信号后在调制显像管上成像。扫描电子显微镜的出现克服了光学显微镜和透射电镜的某些不足,它既可以直接观察大块样品,又具有介于光学显微镜和透射电镜之间的性能指标,如具有放大倍数连续可调范围宽,不需要重新聚焦,对样品的辐射损伤及污染小,景深大图像富有立体感,样品制作过程简单,可在样品室中作三维空间的移动和旋转,对样品适应性强,分辨本领较高等优点,是进行样品表面分析研究的有效工具。

## 5.2.1　材料、方法和设备

试材来源于同一块板材的素材及压缩率为 10%～50%的辊压处理材,压缩方向为径向压缩和弦向压缩。取气干试材劈开后制作尺寸合乎要求的径切面和弦切面样品,用导电双面胶带黏附于样品台上,经去尘处理,经金属镀膜喷金导电处理后,移入样品舱中。

实验设备为美国 FEI 公司生产的 Quan ta 200 型扫描电子显微镜,实验条件为高真空,电子束加速度电压 15～20 kV,放大倍数为 100～10 000。

## 5.2.2　结果与讨论

使用扫描电子显微镜对大青杨板材的素材及其对应的两个压缩方向五个压缩

率下的辊压处理材在不同的放大倍数下，从辊压处理前后导管分子的细胞壁、细胞壁上的纹孔形态、木纤维分子的胞壁及其上面的纹孔、导管与导管之间、导管分子与木纤维分子之间、木纤维分子与木纤维分子之间的胞间层以及木射线细胞进行了观察并得到了清晰的图片。

　　无论径向压缩还是弦向压缩，辊压处理材与素材相比，在本实验中的各压缩率下，导管分子细胞壁上出现了明显的平行于导管轴方向的条状的褶皱痕迹，这是在辊压处理的瞬间，由于压辊的挤压作用，使得近似圆形或椭圆形的导管分子与加荷方向相垂直的一侧的细胞壁被压向对面的细胞壁，在折叠的部位留下了折痕；随着压缩率的增大，褶皱痕迹的深度和宽度明显变大，且折痕回复到压缩以前的平滑面的趋势变小。这一现象在木纤维分子的细胞壁上也得到了印证，但皱褶的痕迹较轻。由此可见，辊压处理饱水大青杨木材时，导管分子被压缩的程度远远大于木纤维分子；在压缩的瞬间，木纤维分子的变形小于导管分子，是因为木纤维分子的直径远小于导管分子而胞壁厚度与导管分子接近这种构造上的差异造成的。

　　压缩率大于30%以上时，除了折痕以外，部分导管分子的胞壁上存在着因挤压而造成的裂隙，这种情况也出现在连接导管分子与导管分子、导管分子与木纤维分子、木纤维分子与木纤维分子的胞间层上；由于高压缩率下，作用在导管分子胞壁和胞间层上的应力大于纤丝之间的结合强度时出现的结果。

　　在各压缩率下，导管分子的管间纹孔上，纹孔膜都出现了不同程度的损坏和破裂，没有发现导管分子和木纤维分子的纹孔发生破坏的现象，纹孔的周围没有明显的损伤痕迹。纹孔四周的微纤丝类似网状交错编织在一起，使该部位的强度明显加强，是纹孔没有破坏的主要原因。因为瞬间的挤压而在管间纹孔上破裂的纹孔膜和导管分子胞壁、木纤维分子胞壁和各类胞间层上形成的裂隙是辊压处理材对水分的渗透性、传递性好于素材、饱水状态的含水率大于素材的根本原因。

　　在对弦切板施行径向压缩的试材中，有时可以观察到木射线细胞由于压辊的挤压而彼此间出现了裂隙，甚至从导管分子或木纤维分子上脱落。

　　图5.3～图5.16是径向压缩辊压处理材与对应的素材的图版。图5.3～图5.5是素材的分子特征和胞壁特征。从图5.6中能够看到，在10%的压缩率下，导管分子胞壁的某部分被压进胞腔而形成的褶皱，而图5.7显示的是导管分子被压扁而形成的折痕。图5.8是在20%的压缩率下，导管分子细胞壁上与木射线分子连接形成纹孔部位的下端因挤压而出现的细微褶皱。图5.9和图5.15是分别在30%和50%两个压缩率下，木纤维分子因辊压处理而在胞壁上形成的裂隙。图5.11和图5.12是分别在40%和50%压缩率下，导管分子管间纹孔上破裂的纹孔膜。图5.16是在50%压缩率下，导管分子胞壁上出现的裂隙。图5.10是40%的压缩率而在导管分子内壁形成的条状折痕。图5.14是由于径向压缩而致木射线分子之间出现了裂缝。

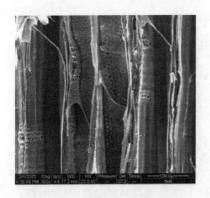

图 5.3 素材弦切面 300×

图 5.4 素材导管壁上的纹孔 1 200×

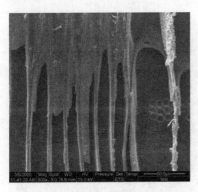

图 5.5 素材弦切面木纤维分子 600×

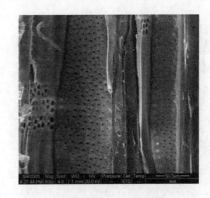

图 5.6 径向压缩 10%导管分子 500×

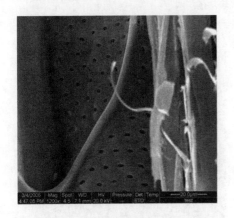

图 5.7 径向压缩 10%导管壁上的纹孔 1 200×

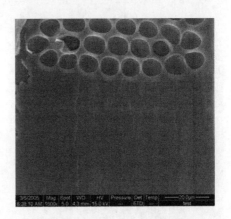

图 5.8 径向压缩 20%导管分子的细胞壁 1 500×

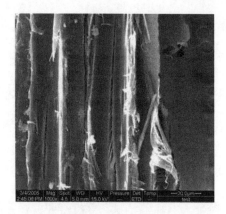

图 5.9　径向压缩 30%木纤维分子 1 000 ×

图 5.10　径向压缩 40%导管分子 600 ×

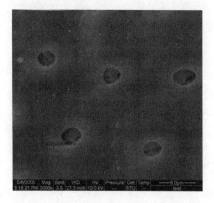

图 5.11　径向压缩 40%导管分子的纹孔膜
5 000 ×

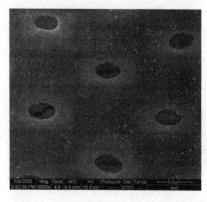

图 5.12　径向压缩 50%导管分子的纹孔膜
5 000 ×

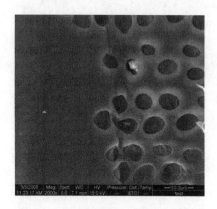

图 5.13　径向压缩 50%导管 2 000 ×

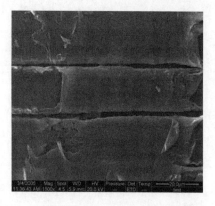

图 5.14　径向压缩 50%木射线分子 1 500 ×

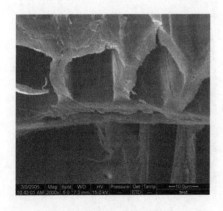 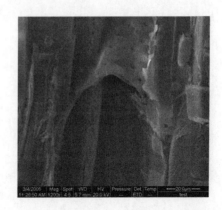

图 5.15　径向压缩 50%木纤维分子 2 000×　　图 5.16　径向压缩 50%导管分子细胞壁 1 200×

　　图 5.17～图 5.30 是弦向压缩辊压处理材与对应的素材的图版。图 5.17 是素材的分子特征和胞壁特征。图 5.18 和图 5.19 是在 10%压缩率下，在导管分子胞壁上形成的轻微褶皱。图 5.20 在 20%的压缩率下，穿孔板因挤压而发生破坏，图 5.21 在 4 000 倍的放大倍数下，导管分子胞壁上的纹孔及辊压形成的折痕。图 5.22～图 5.24 是在 30%压缩率时，导管分子胞壁上的褶皱及穿孔板受挤压而变形的情况。图 5.25 和图 5.26 是分别在 30%和 50%压缩率下，导管分子管间纹孔上破裂的纹孔膜。图 5.27～图 5.30 是 40%压缩率时，导管分子胞壁形成的折痕在同一位置三个放大倍数下的形态。图 5.29 显示辊压瞬间形成的折痕并没有完全回复，这是在研究辊压处理材的形体变化规律时，在压缩方向上，辊压处理材的尺寸小于素材的根本原因。图 5.31 是在 6 000 倍下，木纤维分子由于辊压而在胞壁上形成的褶皱及裂隙。图 5.32 显示，在 50%压缩率下，纹孔口及周围的组织已被挤压变形，但纹孔本身没有被撕裂或压溃。

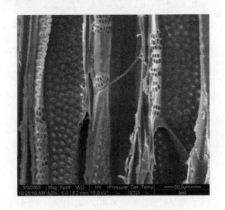 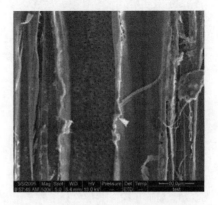

图 5.17　素材弦切面 500×　　　　图 5.18　弦向压缩 10%导管分子 500×

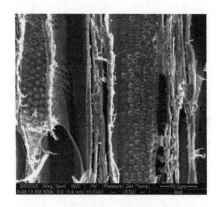

图 5.19　弦向压缩 10%弦切面 500×

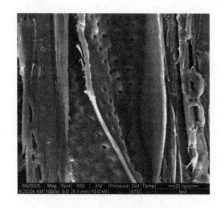

图 5.20　弦向压缩 20%弦切面导管分子 1 000×

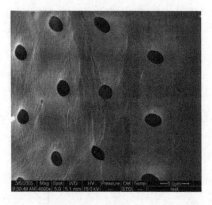

图 5.21　弦向压缩 20%导管上的纹孔 4 000×

图 5.22　弦向压缩 30%导管壁上的纹孔 1 000×

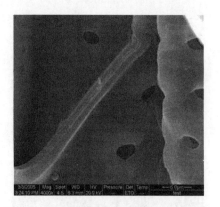

图 5.23　弦向压缩 30%导管分子的穿孔板
4 000×

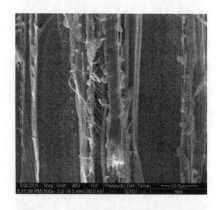

图 5.24　弦向压缩 30%弦切面 500×

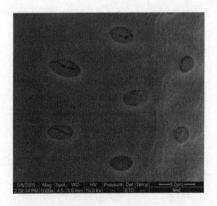

图 5.25　弦向压缩 30%导管分子的纹孔膜
5 000×

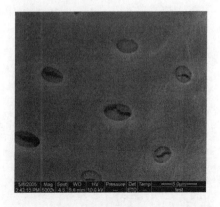

图 5.26　弦向压缩 50%导管分子的纹孔膜
5 000×

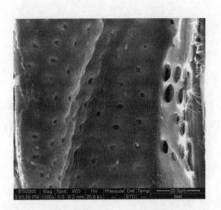

图 5.27　弦向压缩 40%导管壁上的纹孔 1 500×

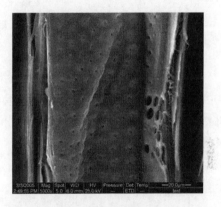

图 5.28　弦向压缩 40%导管分子 1 000×

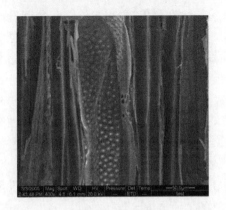

图 5.29　弦向压缩 40%导管分子 400×

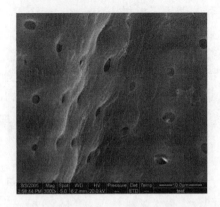

图 5.30　弦向压缩 40%导管壁上的纹孔 3 000×

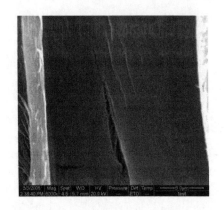 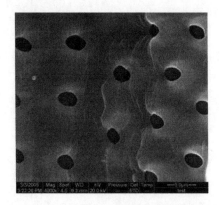

图 5.31　弦向压缩 50%木纤维分子胞壁 6 000 ×　　图 5.32　弦向压缩 50%导管壁上的纹孔 4 000 ×

# 5.3　动态热机械性能（DMA）

本实验进行 DMA 性能测试与分析时，是应用随温度的变化，材料应力与应变的关系这一特征，来研究辊压处理材和对应的素材储能模量和损耗角正切的热机械性能。根据木材压缩方向与分析仪加荷方向的关系，实验中采用加荷方向与试件压缩方向平行和垂直两种方式进行。

## 5.3.1　材料、方法和设备

挑选同一块板材内材性相近、无节疤、纹理均匀通直的标准的大青杨径切板和弦切板，板材横向锯解为六等份，一份作为实验的素材-素材，其余五份饱水处理后，分别进行压缩率为 10%、20%、30%、40%和 50%的弦向压缩和径向压缩的辊压处理。气干后，将原来的六份源于同一块板材上的素材和各压缩率下的辊压处理材摆放在一起，锯制 DMA 实验的试件，试件尺寸为 55 mm（L）× 8 mm（W）× 4 mm（T）。试件的制作分为两种情况：试件的宽面平行于压缩方向和垂直于压缩方向，即 DMA 实验时的加荷方向垂直于和平行于辊压处理时的加荷方向，实验结果也将分为两种情况讨论。试件在室内环境下长时间平衡后，进行 DMA 实验，每一个试件放入仪器之前，都要量取试件的宽度和厚度。

实验设备使用德国 NETZSCH 公司的 DMA 242C 动态热机械分析仪，温度范围的设定分为两种情况，DMA 分析仪测试时的加荷方向与辊压处理时的加荷方向相垂直的试件温度设为 20～300℃，分析仪的加荷方向与辊压时的加荷方向相平

行的试件温度设为-40～300℃。频率为 5 Hz,加载施力 2.0 N,振幅 40 μm,加
热速率 5.0 K/min,当对 DMA 的加荷方向与辊压时的加荷方向相平行的试件测试时,
使用液氮冷却,测试时试件的变形方式采用三点弯曲。

## 5.3.2　结果与讨论

### 5.3.2.1　加荷方向与辊压压缩方向垂直时的 DMA 分析

图 5.33 和图 5.34 是径向压缩辊压处理材的储能模量和损耗角正切随温度的变
化曲线。DMA 分析仪的加荷方向垂直于试件辊压处理时的压缩方向,温度设定为
20～300℃。由图 5.33 可见,辊压处理材的储能模量开始阶段略小于素材,当温
度高于 120℃以后,有接近和大于素材的趋势;随着压缩率的增大,辊压处理材
储能模量下降的幅度增大。

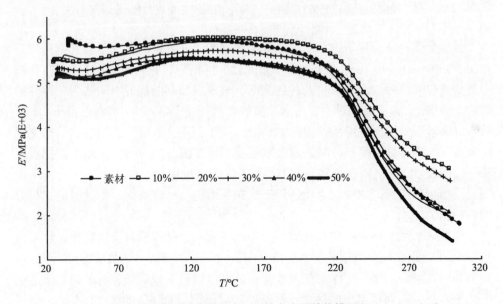

图 5.33　径向压缩辊压处理材垂直于压缩方向的储能模量(Frequency 5Hz)

图 5.34 是在五个压缩率下,辊压处理材与素材的损耗角正切随温度的变化情
况。在测试分析的各温度点,辊压处理材的损耗角正切都略大于素材,随着压缩
率的增大,增大的幅度在增加;在 250℃以下,随着温度的变化,各压缩率下辊
压处理材的损耗角正切,与素材相比,变化的幅值接近,在 1 个单位左右;250℃
以上,辊压处理材损耗角正切增大的幅值明显变大。

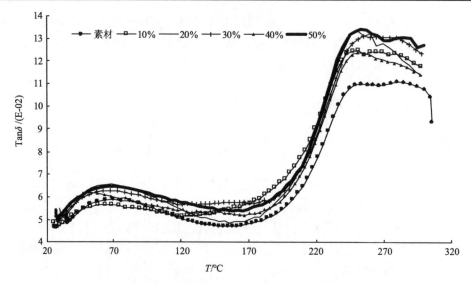

图 5.34　径向压缩辊压处理材垂直于压缩方向的损耗角正切（Frequency 5Hz）

　　辊压处理是在常温下进行，对热处理敏感的半纤维素的含量不会发生变化。在图 5.33 中，由 120℃～220℃储能模量变化的区域内，是木质素由玻璃态向高弹态转变的过渡阶段，观察素材及各压缩率下辊压处理材曲线的取向认为，各种曲线的走势接近，辊压处理对木材内木质素的含量变化影响不大；当温度高于 220℃时，纤维素开始发生热解反应，在 220℃～240℃范围内，纤维素的结晶结构受到明显破坏，聚合度下降，分析素材及辊压处理材在图 5.33 中 220℃附近的拐点趋于一致的现象认为，辊压处理没有影响纤维素含量的变化。对图 5.34 的分析中也得到了相近的结论。这一结论也适用于弦向压缩辊压处理材而与测试时的加荷方向没有相关性。

　　图 5.35 和图 5.36 是弦向压缩辊压处理材和素材的储能模量及损耗角正切随温度变化的曲线。DMA 测试分析的加荷方向垂直于辊压处理时的加荷方向，温度设定为 20～300℃。由图 5.35 可见，在测试的各温度点，辊压处理材的储能模量都略小于素材，随着压缩率的增大，辊压处理材储能模量降低的幅度增加；50%压缩率下的储能模量在整个温度测量范围内低于其他曲线。除 50%压缩率外，各曲线在温度高于 240℃时，储能模量的数值逐渐接近。

　　图 5.36 是素材和辊压处理材随温度变化的损耗角正切。由图中看出，在整个温度测试范围内，与素材相比，辊压处理材的损耗角正切略有增加的趋势，但变化不大，随着压缩率的增大，辊压处理材的损耗角正切趋于增大；当温度高于 250℃时，各压缩率下的辊压处理材与素材相比，损耗角正切的变化开始明显。

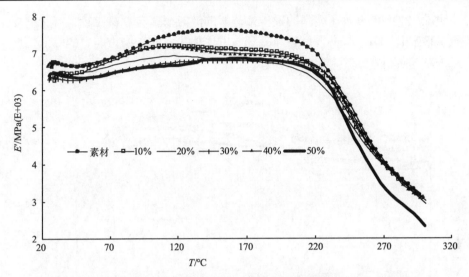

图 5.35　弦向压缩辊压处理材垂直于压缩方向的储能模量（Frequency 5Hz）

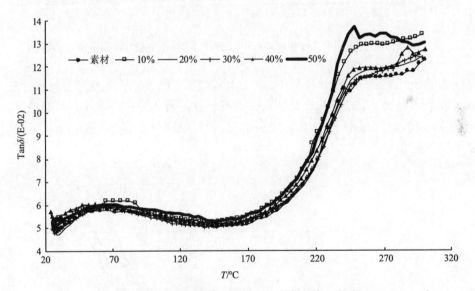

图 5.36　弦向压缩辊压处理材垂直于压缩方向的损耗角正切（Frequency 5Hz）

### 5.3.2.2　加荷方向与辊压压缩方向平行时的 DMA 分析

图 5.37 和图 5.38 是径向压缩辊压处理材和对应的素材在 DMA 测试分析的加荷方向与辊压处理时的加荷方向相平行时储能模量和损耗角正切随温度变化的曲线，温度的设定范围是 –40～300℃。由图 5.37 可知，在 205℃以下，辊压处理材的储能模量都小于素材，且随着压缩率的增大，减小的幅度增大；温度高于 205℃

时，10%、20%和 30%压缩率的辊压处理材的储能模量与素材比较，有所增高。
与图 5.33 相比可知，径向压缩辊压处理材的储能模量在压缩方向上的降低幅度大
于与压缩方向相垂直的方向。

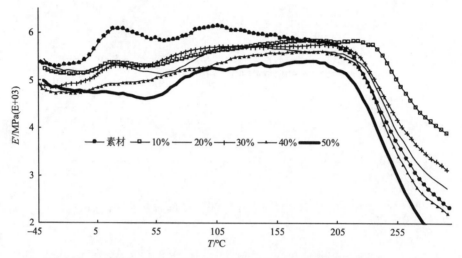

图 5.37　径向压缩辊压处理材平行于压缩方向的储能模量（Frequency 5Hz）

由图 5.38 可见，辊压处理材中，除 10%压缩率下的损耗角正切与素材接近外，
其他四个压缩率下的损耗角正切都大于素材，并随着压缩率的增大，略有增大。
与图 5.34 比较可知，同压缩率下，径向压缩辊压处理材压缩方向损耗角正切的增
幅大于与其相垂直的方向。

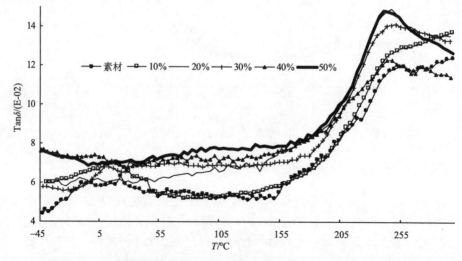

图 5.38　径向压缩辊压处理材平行于压缩方向的损耗角正切（Frequency 5Hz）

　　图 5.39 和图 5.40 是弦向压缩辊压处理材和对应的素材在 DMA 的测试加荷方向
与辊压处理时对试材的加荷方向相平行时储能模量和损耗角正切随温度变化的曲
线，温度的设定范围是–40～300℃。在图 5.39 中，除 10%压缩率下储能模量接近
于素材外，其他压缩率下的储能模量都小于素材。随着压缩率的增大，储能模量
有下降的趋势。与图 5.35 比较可知，各压缩率下，弦向压缩辊压处理材的储能模
量在压缩方向的降低幅度大于与压缩方向相垂直的方向。

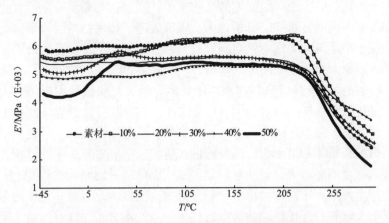

图 5.39　弦向压缩辊压处理材平行于压缩方向的储能模量(Frequency 5Hz)

　　图 5.40 中，在 105℃以下，辊压处理材的损耗角正切都大于素材，随着压缩
率的增大，损耗角正切也在增大；温度高于 105℃时，压缩率的变化与损耗角正
切变化的相关性变弱。与图 5.36 相比，图 5.40 中损耗角正切的变化更大一些。可
见，同压缩率下，弦向压缩辊压处理材与压缩方向同向的损耗角正切大于与压缩
方向相垂直的方向。

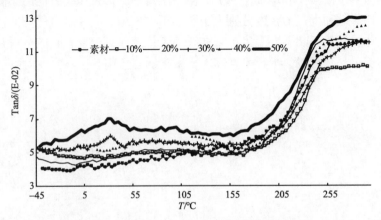

图 5.40　弦向压缩辊压处理材平行于压缩方向的损耗角正切(Frequency 5Hz)

# 5.4　本　章　小　结

(1) 饱水大青杨板材辊压处理后，在不同压缩方向和不同压缩率下，辊压处理材的相对结晶度都略高于素材，径向压缩辊压处理材各压缩率下相对结晶度变化的百分率小于 6%，弦向压缩小于 5%，变化程度均小于 2.327%。可见，饱水大青杨板材辊压处理前后，相对结晶度的变化很小，同时，结晶度变化的百分率与压缩方向和压缩率无明显相关。分析认为，辊压处理材相对结晶度测量值的微增是由于部分位于结晶区和无定形区之间过渡区域纤维素分子链重排的结果，辊压处理没有导致纤维素结晶度实质上的增加。

(2) 使用扫描电子显微镜对饱水辊压处理前后大青杨板材的超微观构造进行了观察，分析认为，辊压处理后，各压缩率下，在导管分子的管间纹孔上均发现了破裂的纹孔膜，随着压缩率的增大，破裂纹孔膜的数量增加。导管分子胞壁上出现了明显的平行于导管轴方向的条状的褶皱痕迹；随着压缩率的增大，褶皱痕迹的深度和宽度明显变大，且折痕回复到压缩以前的平滑面的趋势变小；在木纤维分子胞壁上观察到了同样的现象，但皱褶的痕迹较轻。可见，辊压处理饱水大青杨木材时，导管分子被压缩的程度远远大于木纤维分子。随着压缩率的增大，逐渐观察到部分导管和木纤维分子的胞壁和胞间层上存在着因挤压而形成的裂隙及木射线间出现的裂隙。研究认为，瞬间的挤压而造成纹孔膜的破裂及胞壁和各类胞间层上形成的裂隙是辊压处理材对水分的渗透性、传导性好于素材、饱水状态的含水率大于素材的根本原因。

(3) 动态热机械分析 (DMA) 研究认为，饱水大青杨板材辊压处理后，处理材的储能模量和损耗角正切分别小于和大于素材，随着压缩率的增大，储能模量和损耗角正切有逐渐减小和增加的趋势；同一压缩率下，在压缩方向的储能模量和损耗角正切降低和增加的幅度分别大于和小于与压缩方向相垂直的方向。通过对储能模量和损耗角正切不同温度区域曲线的走势及拐点温度变化的分析认为，辊压处理没有引起纤维素、半纤维素和木质素含量的变化。

# 第6章 防护性能研究与评价

木材是一种天然的有机材料,具有明显的生物特性。木材及制品在使用过程中,经常因真菌的侵染而败坏,影响甚至失去它的使用功能。侵蚀木材的真菌称为木腐菌,木腐菌的生长速度因环境条件(温度、空气湿度、酸碱度等)而异;在适宜的条件下,木腐菌的繁殖速度很快,未经防腐处理的马尾松枕木,因木腐菌的侵蚀而腐朽,3~5年就需要更换;而经过防腐处理后,马尾松枕木至少可以使用15年。为延长木材的使用寿命,减少经济损失,节约森林资源,使用前对木材进行防腐处理,以抵御真菌的侵染,成为实际生产中最适用、最有效的方法之一。

侵染木材而使木材的力学强度和外观形态严重劣化的木腐菌主要有两类,侵蚀针叶树材而致腐朽材材色变成褐色的一类真菌称为褐腐菌,侵蚀阔叶树材而致腐朽材材色变成白色的一类真菌称为白腐菌。大青杨木材自身的耐腐性能差,抗侵蚀能力低,在使用期间就非常容易受到白腐菌的侵蚀和感染。

## 6.1　以大青杨为试材

对饱水大青杨板材施行的辊压浸注药剂处理,是封闭在水溶性的防腐药剂中进行,在液面下,板材在进给的同时受到压辊横向的压缩作用,木材内的部分水分和空气被压挤出木材,离开压辊的瞬间,木材要回复到原来的形状和尺寸,形成的负压将药剂吸入木材,完成药剂对木材的浸注处理;可见,药剂浸注是辊压处理法的归宿和目的。该部分试验通过对经过水溶性木材防腐药剂辊压浸注处理过的大青杨板材的载药量和质量损失率等性能的测试,来评述辊压处理法作为木材防护处理方法之一的防腐功效,并与传统的木材浸注处理方法真空-加压法进行了比较。

### 6.1.1　材料、方法和仪器设备

#### 6.1.1.1　试验材料

本实验接种试菌为白腐菌的一种采绒革盖菌[*Coriolus vcrsioolor*(*Fr.*)*Cooke*];使用两种水溶性防腐剂,分别是DDAC(季铵盐)[87-90]和硼化物[91-94];DDAC是一

种烷基铵化合物，本是一种阳离子表面活性剂，自从半个多世纪前 Domagk G 发现含有长链烷基的季铵盐具有强力的杀菌性能以来，被逐步引入到木材保护行业。与其他多种木材防腐剂相比，DDAC 具有明显的优点：①杀菌的广谱性，对多种木腐菌具有较强的杀灭和抑制能力；②毒性小，生物降解性好，对环境没有不良影响；③在水中溶解性能好，耐光耐热，贮存稳定性好；④表面张力小，浸润、渗透性强；⑤与其他防腐剂和杀虫剂的配伍性好。目前季铵盐防腐剂已经发展了多代，在详细研究了季铵盐类化合物的结构与杀菌力之间的关系后，认为二甲基二癸基氯化铵是最具应用前景的木材防腐剂和抗变色的药剂。DDAC 对木材具有天然亲和力，通过阳离子交换作用固定在木材上，可作与地面接触场合的木材防腐剂，已在欧美一些国家注册使用。二甲基二癸基氯化铵的结构式见图 6.1。硼化物主要有八硼酸钠（$Na_2B_8O_{13}$）、四硼酸钠（$Na_2B_4O_7$）、五硼酸钠（$Na_2B_{10}O_{16}$）、硼酸（$H_3BO_3$）和硼砂（$Na_2B_4O_7 \cdot 10H_2O$）；硼化物处理后的木材表面洁净，无刺激性气味，对人畜和环境安全，其 pH 接近中性，处理后木材不变色，对力学强度影响较低，便于着色、油漆和胶合，价格经济。由于硼化物优点突出，在国内外已被广泛使用。

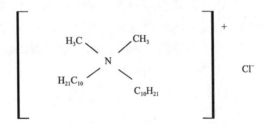

图 6.1　二甲基二癸基氯化铵的结构式

　　本实验中使用两种木材防腐剂的浓度（质量）分别是：DDAC1%，硼化物 2%。
　　洗净干河沙（20～30 目）15 kg；大青杨锯屑（20～30 目）2 kg；饲料树种为大青杨，玉米粉、红糖、琼脂若干；脱脂棉；防水纸；纱布；酒精消毒棉。

### 6.1.1.2　试验方法

　　采用侵蚀木材能力强的木腐菌在其最适宜繁殖、发育和生长的环境条件下，感染木材，来检验木材和防腐处理材抵抗腐朽的能力和水平，是国际上筛选防腐药剂和确定防腐处理工艺的通用研究方法[95-98]。大青杨木材（素材）及防腐处理材耐腐性实验按照国家标准《木材天然耐久性试验方法/木材天然耐腐性实验室试验方法》（GB/T 13942.1－2009）的要求进行。
　　选择材性相近、无节疤、纹理均匀通直的大青杨板材若干块，每一块板材都横向锯制为三部分，分别作为素材、辊压浸注处理法和真空-加压浸注处理法的试材，辊压浸注处理和真空-加压浸注处理试材的尺寸为 150 mm(L) × 80 mm(W) × 20 mm(T)；锯制前，在材面做好标记和编号，辊压浸注处理和真空-加压浸注处理结束后，将源于同一板材的三部分按照锯断之前的位置重新摆放在-起锯制试件。两种浸注处理方法的工艺条件见表 6.1。

表 6.1　浸注处理方案

| 实验方法 | | 工艺条件 | | | | |
|---|---|---|---|---|---|---|
| 辊压浸注法 | 压缩率/% | 10 | 20 | 30 | 40 | 50 |
| 真空-加压浸注法 | 空细胞法 1 | 加压 20 min，压力 0.2 MPa；后真空 10 min，真空度 0.095 MPa | | | | |
| | 满细胞法 1 | 前真空 10 min，真空度 0.095 MPa；加压 20 min，压力 0.2 MPa；后真空 10 min，真空度 0.095 MPa | | | | |
| | 空细胞法 2 | 加压 20 min，压力 0.6 MPa；后真空 10 min，真空度 0.095 MPa | | | | |
| | 满细胞法 2 | 前真空 10 min，真空度 0.095 MPa；加压 20 min，压力 0.6 MPa；后真空 10 min，真空度 0.095 MPa | | | | |

木材防腐处理的效果往往与防腐药剂浸注的量有密切关系，单位体积的木材含有防腐剂干盐的质量称为载药量，载药量的计算见以下公式：

$$载药量(kg/m^3) = \frac{W_0 - W}{V}$$

式中，$W_0$——试材浸注药剂后的全干质量，单位：kg；

　　　$W$——试材浸注药剂前的全干质量，单位：kg；

　　　$V$——试材的体积，单位：$m^3$。

木腐菌对木材的侵蚀和感染是通过菌丝分泌的酶作用于木材的细胞壁，使组成细胞壁的主要成分纤维素、半纤维素和木质素发生降解反应而引起木材败坏和质量损失，木材的防腐能力不同，质量损失差异很大。质量损失的多少用质量损失率(失重率)表示，计算公式如下：

$$质量损失率(\%) = \frac{W_1 - W_2}{W_1} \times 100\%$$

式中，$W_1$——试样试验前的全干质量，单位：g；

　　　$W_2$——试样试验后的全干质量，单位：g。

国家标准中对木材和防腐处理材防腐能力的评定，是根据评定对象受木腐菌腐朽试验前后的质量损失百分率为依据，按试样质量损失百分率的数值分为四级，见表 6.2。

表 6.2　耐腐等级评定标准

| 耐腐等级 | 质量损失百分率/% |
|---|---|
| Ⅰ.强耐腐 | 0～10% |
| Ⅱ.耐腐 | 11%～24% |
| Ⅲ.稍耐腐 | 25%～44% |
| Ⅳ.不耐腐 | ＞45% |

### 6.1.1.3　仪器设备

辊压机(压辊直径 200 mm，主动辊转速 13 r/min)；超净工作台；接菌针；酒精灯；蒸汽高压灭菌锅(压力 0.25 MPa，温度 138℃)；电热恒温培养箱(温度 28℃±2℃，相对湿度 75%～85%)；真空-压力处理罐[300 mm(D)×400 mm(H)]；电子天平(精度 0.001 g)；植物纤维粉碎机；电热干燥箱；广口三角瓶(500 mL)；电炉；烧杯；试管等。

## 6.1.2　结果与讨论

辊压浸注和真空-加压浸注的试材经过电热干燥箱的全干处理，取得药剂浸注前试材的全干材质量；辊压浸注法的试材在浸注处理前，需要饱水处理，在饱水状态下进行辊压浸注药剂，辊压结束 10 min 后由药液槽中取出；真空-加压浸注处理的试材在浸注前，试材的含水率调整到气干状态(8%～12%)。两种浸注方法处理后的试材再次进行全干处理，得到药剂浸注后试材的全干材质量，测量试材气干状态下的体积，两种浸注处理试材的载药量见表 6.3。

表 6.3　辊压浸注法和真空-加压浸注法的载药量

| 浸注方式 | 处理工艺 | | 载药量/(kg/m³) | |
|---|---|---|---|---|
| | | | DDAC | 硼化物 |
| 辊压浸注法 | 压缩率/% | 10 | 5.336 | 1.650 |
| | | 20 | 6.520 | 2.692 |
| | | 30 | 8.743 | 3.322 |
| | | 40 | 11.901 | 3.788 |
| | | 50 | 14.887 | 4.377 |
| 真空-加压浸注法 | 空细胞法 1 | | 11.394 | 3.635 |
| | 满细胞法 1 | | 27.147 | 9.847 |
| | 空细胞法 2 | | 12.887 | 4.849 |
| | 满细胞法 2 | | 33.611 | 11.897 |

　　由表 6.3 可见，对于 DDAC 和硼化物两种水溶性木材防腐剂，随着辊压浸注法压缩率的增加，载药量增大；硼化物的载药量都小于同一压缩率下 DDAC 的载药量。辊压浸注法压缩率 40% 和 50% 的载药量相当于真空-加压浸注法中空细胞法 1 和空细胞法 2 的载药水平，而低于满细胞法 1 和满细胞法 2 的载药量。

　　在国家林业行业标准《防腐处理木材的使用分类和要求》中，对于户内外使用的防腐处理材除规定了具体的防腐剂浸注深度外，对处理材的载药量也有严格的限制。与标准中载药量的要求相对应，压缩率为 10% 的辊压浸注 DDAC 防腐处理材即能达到 C3 类(载药量 $\geqslant 4.0 \ kg/m^3$，用于户外环境中使用，不接触土壤，避免长期浸泡在水中，能有效抵抗蛀虫、白蚁、木腐菌的侵蚀)对载药量的要求；30% 压缩率的辊压浸注 DDAC 处理材能达到 C4A 类(载药量 $\geqslant 6.4 \ kg/m^3$，用于户外环境中使用，接触土壤或长期浸泡在淡水中，能有效抵抗蛀虫、白蚁、木腐菌的侵蚀)的使用要求；40% 压缩率的辊压浸注 DDAC 处理材能达到 C4B 类(载药量 $\geqslant 9.6 \ kg/m^3$，用于户外环境中使用，接触土壤或长期浸泡在淡水中，且用于难于更换或关键结构部件，能有效抵抗蛀虫、白蚁、木腐菌的侵蚀)的使用要求；在对硼化物防腐剂载药量的规定中，30% 压缩率辊压浸注硼化物防腐剂处理材能到达 C1 类(在室内干燥环境中使用，不接触土壤，避免气候和水分的影响，能抵抗蛀虫的侵蚀)的防腐要求，因硼化物单独使用抗流失性差，不建议户外使用。

　　两种防腐处理材载药量的测定结束后，将来源于同一块试材的素材、辊压浸注处理材和真空-加压浸注处理材重新摆放在一起，按照耐腐性实验方法中的尺寸要求锯制防腐测试试件，试件的尺寸为 20 mm × 20 mm × 10 mm(平行纹理方向)；素材和每一种浸注处理工艺的试件至少 12 块。试件编号后放入电热干燥箱中，全干结束称重为实验前的全干质量。

　　内装河砂锯屑培养基的广口三角瓶在接菌 7～10 天后，饲木上已经长满了采绒革盖菌的菌丝，测试耐腐能力的试件经过吸湿和蒸汽灭菌后，被放到饲木上，每个三角瓶内放 3 块，将三角瓶置于恒温恒湿培养箱(温度 28℃±2℃，空气相对湿度 75%～85%)中受菌侵染 12 周。

　　将感染了 12 周木腐菌的试件取出，轻轻刮去表面菌丝和杂质，在 103℃±2℃ 的干燥箱中烘至恒重，试件称重为实验后的全干质量。经过计算，素材、各工艺条件下的辊压浸注处理材和真空-加压浸注处理材的质量损失率见表 6.4，同时给出了对应于表 6.2 的耐腐等级。

表 6.4　大青杨木材的质量损失率和耐腐等级

| 浸注处理方法 | 处理工艺 | DDAC | | 硼化物 | |
|---|---|---|---|---|---|
| | | 质量损失率/% | 耐腐等级 | 质量损失率/% | 耐腐等级 |
| 素材 | | 31.82 | 稍耐腐 | 32.79 | 稍耐腐 |

| 浸注处理方法 | 处理工艺 | DDAC | | 硼化物 | |
|---|---|---|---|---|---|
| | | 质量损失率/% | 耐腐等级 | 质量损失率/% | 耐腐等级 |
| 辊压浸注处理 | 压缩率/% | 10 | 26.51 稍耐腐 | 20.24 | 耐腐 |
| | | 20 | 20.42 耐腐 | 17.65 | 耐腐 |
| | | 30 | 14.36 耐腐 | 9.92 | 强耐腐 |
| | | 40 | 9.83 强耐腐 | 9.03 | 强耐腐 |
| | | 50 | 7.22 强耐腐 | 6.50 | 强耐腐 |
| 真空-加压浸注处理 | 空细胞法 1 | 19.34 | 耐腐 | 9.31 | 强耐腐 |
| | 满细胞法 1 | 9.07 | 强耐腐 | 8.27 | 强耐腐 |
| | 空细胞法 2 | 15.76 | 耐腐 | 8.87 | 强耐腐 |
| | 满细胞法 2 | 8.58 | 强耐腐 | 5.23 | 强耐腐 |

　　根据耐腐等级的评定标准，质量损失率越小，耐腐能力越强；质量损失率越大，耐腐能力越弱。表中可见，对于 DDAC 防腐剂，压缩率达到 20%及以上，处理材即达到耐腐级别，40%及以上，达到强耐腐等级；对于硼化物防腐剂，10%的压缩率即达到耐腐级别，30%及以上达到强耐腐级别。在本实验中两种防腐药剂浓度的条件下，硼化物对采绒革盖菌的防腐效力高于 DDAC；对于 DDAC 防腐剂，辊压浸注处理中压缩率为 20%和 30%的载药量分别是真空-加压浸注中空细胞法 1 和空细胞法 2 的 2/3，而质量损失率相近；压缩率为 40%和 50%试材的载药量分别不到满细胞法 1 和满细胞法 2 的 1/2，质量损失率非常接近；可见，载药量远低于真空-加压浸注处理材的辊压浸注处理材，能获得与前者相近的防腐等级。同样，硼化物防腐剂也有相同的研究结论。

　　对于大青杨木材，真空-加压处理法，防腐药剂在压力作用下，主要是通过导管分子和木纤维分子自身相通的细胞腔、细胞壁上的纹孔和细胞间隙进行渗透和传递，限于纹孔和细胞间隙的尺寸及水分传递中复杂的物理过程，依据表 6.1 中的处理工艺，这种传递要耗用一定的时间；试材载药量可能很高，是因为大部分防腐药剂都停滞在细胞腔内，以往的研究结果表明，这部分药剂对木材防腐能力的提高没有明显的促进作用。

　　从第 5 章的研究结论可看出，辊压处理法，由于压辊的挤压作用，会导致木材在导管分子、木纤维分子的细胞壁上和胞间层中出现褶皱和裂隙，同时，纹孔膜受到破坏，这些新出现的水分移动的通道，无疑会加强对防腐药剂的渗透能力，药剂浸注的效率明显提高。

### 6.1.3　小结

应用两种木材防腐剂 DDAC(浓度 1%)和硼化物(浓度 2%)，对大青杨板材进行了五种压缩率的辊压浸注处理和四种工艺条件的真空-加压浸注处理。对于 DDAC 防腐处理材，压缩率达到 20%及以上，处理材能达到耐腐级别，40%及以上，达到强耐腐等级；压缩率为 10%的载药量即达到国家林业行业标准《防腐处理木材的使用分类和要求》中 C3 类的要求，30%压缩率的载药量能达到 C4A 类的使用要求，40%压缩率的载药量能达到 C4B 类的使用要求。对于硼化物防腐剂，10%的压缩率即达到耐腐级别，30%及以上达到强耐腐级别；30%压缩率的载药量能到达 C1 类的防腐要求。

试验结果表明，辊压法对木材进行药剂浸注处理，通过压缩率的调整，处理材的防腐性能完全能够满足相应的耐腐等级要求；这种处理材达到相同防腐处理效果的载药量不但比传统处理法真空-加压法节约用药量 1/3 左右，而且处理的时间大幅度缩减，生产效率明显提高。

## 6.2　以杉松冷杉为试材

可可球二孢(一种蓝变菌)会侵染某些针叶树材的边材部位，菌丝所到之处，会在木材表面形成深浅不一、斑驳陆离的块状蓝色或绿色图案，俗称"蓝变"或"青变"，与健康材对照颜色差异明显。在适宜的温湿度条件下，5～7 天，蓝变现象就会发生并蔓延；蓝变不仅劣化木材表面的视觉效果，木材力学性能亦有一定程度的降低。国家标准中，存在蓝变的锯材被认定为缺陷产品并降低等级。材表的蓝变在刨切时可除去，而深层的蓝变除去困难，如何保护木材不被蓝变菌侵蚀成为解决问题的首选。

工业生产中，一般是在木材表面喷洒防腐剂或将木材短时间浸泡于防腐剂中，使药剂覆盖木材表面，隔断蓝变菌与木材的接触达到保护木材的目的。喷淋、涂刷或浸泡防腐剂的方法，药剂液滴停留在木材表面纤维的梢部，难以形成完整的覆盖层，防护性差、生产效率极低。同时，原木锯制成板材后、人工窑干前的阶段性保护在生产上具有实际意义，那些防腐剂浸注量大、浸注极深、成本高的长期保护方法是不适用的。

辊压浸注法是一种高效的药剂浸注方法，在液面下利用机械压辊将改性药剂压入木材至一定深度，对木板材的防护程度和水平介于常压法和加压法之间；吴玉章等采用辊压预处理改善树脂浸注的均匀性，研究表明质量增加率在纤维方向的分布更趋均匀；赵雪等使用酚醛浸渍树脂对大青杨进行辊压增强处理，试材耐磨性提高了 3.11%～23.17%；闫文涛等[99]对大青杨进行辊压防腐处理,压缩率 20% 及以上,试材达到耐腐级别。

　　本研究以极易发生蓝变的杉松冷杉为试材,研究辊压浸注法和浸泡法在载药量、被害值、防治效力和可可球二孢真菌在试材内生长形态等方面的差异,为探索和研究该方法的技术化提供理论支撑。

## 6.2.1　材料与方法

### 6.2.1.1　材料

　　试验试材:杉松冷杉(*Abies holophylla* Maxim.),长 6000 mm、小头直径 920 mm 的特级优等原木一根,采集于吉林省蛟河林业实验区管理局清茶馆林场,加工为标准的径切板和弦切板,板材尺寸为 300 mm(长)×100 mm(宽)×20 mm(厚)(长为木材顺纹方向)。所有试材均来自原木的边材部分,纹理通直,材性均匀,无节疤、虫蛀和腐朽。接菌实验前保持试材的清洁、无菌感染发生。试样分 3 组:辊压浸注组、浸泡组和对照组。试样做好后在电热恒温鼓风干燥箱内干燥至绝干,测得其绝干质量。

　　蓝变菌:可可球二孢(*Botryodiplodia theobromae* Pat.),由中国林业微生物菌种保藏管理中心提供。

　　药剂:实验室自配,成分包括 ACQ、硼砂和硼酸。药剂分为两种浓度:0.5% 和 1%,前者药剂质量分数配比为 0.25%ACQ、0.125%硼砂和 0.125%硼酸,后者所含三种成分依次为 0.5%、0.25%和 0.25%。

### 6.2.1.2　实验设备

　　辊压机,上压辊为主动辊,下压辊为从动辊,辊长 250 mm,压辊直径 200 mm,转速定为 50 r/min。

　　环境扫描电子显微镜,美国 Fei 公司,型号 Quanta 200;恒温恒湿箱,德国 MMM 公司,型号 Climacell 404;电热恒温鼓风干燥箱,上海一恒科技有限公司,型号 DHG-9075A;立式压力蒸汽灭菌器,江阴滨江医疗设备有限公司,型号 LS-B75L;超净工作台,常州中贝干燥设备有限公司,型号 BCL-1360A;电子秤,量程 30 kg,精度 50 g。

### 6.2.1.3　方法

　　(1)药剂浸注方法
　　药剂对试材的浸渍采用辊压浸注法和常压常温浸泡法。

辊压浸注法处理工艺包括压缩率、压缩次数和压缩方向 3 个参数[100]。压缩率设定为 5% 和 10%；每一种压缩率下的压缩次数分别为 1 次和 4 次，多于 1 次的压缩，上一次辊压浸注完成后立即进行下一次；压缩方向依据木材年轮和施力方向的位置关系分为径向和弦向，对径切板施行弦向压缩，对弦切板施行径向压缩。

常压常温浸泡法(以下简称浸泡法)，是将试材浸入两种不同浓度的药剂中，井字形堆垛，上压重物，液面高出最上层试材 5 cm 以上，浸泡时间 3 min。

用于浸注药剂的试材，在浸注前需进行含水率的调整；方法是将试材放入压力-真空处理罐中，经过抽真空(真空度 0.098 MPa，20 min)-注水-加压-保压(压力 1 MPa，25 min)-卸压，取出罐中试材，常温常压下在清水中浸泡 24 h，由水中取出后，干净湿布遮盖室内阴凉处放置 48 h 后(含水率 87%～95%)，进行药剂浸注试验。

完成药剂浸注的试材，室内自然干燥 12 h 后，置于电热干燥箱中，逐渐升温至全干，测量试材浸注药剂后的全干质量。

本研究共使用 20 种药剂浸注工艺(辊压浸注法 16 种，浸泡法 4 种)，每一种工艺 6 块试材，将素材(不浸注药剂的试材)计算在内(径、弦切板各 6 块)，则需径、弦切板试材各 66 块。

(2)载药量的计算方法

试材浸注药剂的载药量按下式计算：

$$R = \frac{W_0 - W}{V}$$

式中，$R$——载药量，kg/m$^3$；

$\quad$ $W_0$——试材浸注药剂后的全干质量，kg；

$\quad$ $W$——试材浸注药剂前的全干质量，kg；

$\quad$ $V$——试材的体积，m$^3$。

(3)蓝变菌对试材的感染和防治效力的测试

本研究为了更接近生产实际，采用大尺寸试材。蓝变菌(可可球二孢)对药剂浸注试材和素材的接种、侵染方案及培养基的制作，试材被害值的测试方法和防治效力的计算，均参照国家标准进行。

## 6.2.2　结果与分析

### 6.2.2.1　载药量

测量每一块试材浸注药剂前后的绝干质量并计算其载药量，取相同药剂浸注工艺试材载药量的平均值，作为该种浸注工艺的载药量，结果见表 6.5。

表 6.5    不同药剂浸注方法的载药量

| 药剂浸注方法 | 浸注工艺 | | | | 载药量/(kg/m³) |
| --- | --- | --- | --- | --- | --- |
| | 压缩率/% | 药剂质量分数/% | 压缩次数 | 压缩方向 | |
| 辊压浸注法 | 5 | 0.5 | 1 | 弦向 | 0.78 |
| | | | | 径向 | 0.61 |
| | | | 4 | 弦向 | 0.86 |
| | | | | 径向 | 0.81 |
| | | 1.0 | 1 | 弦向 | 1.22 |
| | | | | 径向 | 1.19 |
| | | | 4 | 弦向 | 1.72 |
| | | | | 径向 | 1.44 |
| | 10 | 0.5 | 1 | 弦向 | 1.00 |
| | | | | 径向 | 0.83 |
| | | | 4 | 弦向 | 1.25 |
| | | | | 径向 | 1.19 |
| | | 1.0 | 1 | 弦向 | 1.44 |
| | | | | 径向 | 1.28 |
| | | | 4 | 弦向 | 1.83 |
| | | | | 径向 | 1.69 |
| | 药剂质量分数/% | | 试材类型 | 浸泡时间/min | |
| 浸泡法 | 0.5 | | 径切板 | 3 | 0.37 |
| | | | 弦切板 | | 0.29 |
| | 1.0 | | 径切板 | | 0.50 |
| | | | 弦切板 | | 0.47 |

由表 6.5 可知，根据本研究中设定的工艺条件，辊压浸注法的载药量均大于浸泡法。忽略试材的类型(径切板和弦切板)，药液质量分数为 0.5%、压缩率为 5% 和 10%试材的载药量比浸泡法分别大 133.33%和 224.24%；药液质量分数为 1.0%、相同压缩率试材的载药量比浸泡法分别大 183.67%和 218.37%。

对于辊压浸注法试材，在压缩率、药剂质量分数、压缩方向相同的条件下，载药量随着压缩次数的增加而增加，在压缩率 5%、药剂质量分数 1.0%、径向压缩时，压缩 4 次的载药量比 1 次提高了 21.01%；在压缩率、压缩次数、压缩方向相同条件下，载药量随着药剂质量分数的增大而增大，在压缩率 5%、压缩 1 次、弦向压缩时，浸注药剂质量分数 1.0%试材的载药量比 0.5%的增加了 56.41%；在药剂质量分数、压缩次数、压缩方向相同的条件下，载药量随着压缩率的增大而增大，在药剂质量分数 0.5%、压缩 1 次、弦向压缩时，压缩率 10%的载药量比 5%的提高了 28.21%；在压缩率、药剂质量分数、压缩次数相同的条件下，径切板的载药量大于弦切板，在压缩率 5%、药剂质量分数 0.5%、压缩 1 次时，径切板试材的载药量比弦切板提高了 27.87%。本研究中，当压缩率为 10%、药剂质量分数为 1.0%、压缩 4 次、弦向压缩的条件下，载药量达到最大值为 1.83 kg/m³。

观察浸泡法的载药量，在其他浸注工艺相同条件下，径切板的载药量大于弦切板。杉松冷杉为针叶树材，轴向管胞占 95%以上；轴向管胞胞壁上的纹孔主要位于径面壁，而弦面壁上纹孔数量少、尺寸亦小，纹孔是药剂进入木材细胞腔的主要通道；对于径切板，板面的宽面为轴向管胞的径面壁，大量的径面壁纹孔裸露在木材表面，在同等条件下，药剂对径切板的浸注量大于弦切板。在辊压浸注法中，这一特征也表现得非常明显。

### 6.2.2.2 防变色性能

接种可可球二孢菌培养 4 周后，在试材厚度方向距离表面 2.5 mm 位置，沿顺纹方向劈开试材，目测试材表面感染面积和内部蓝变程度，核算每一块试材的被害值，取相同药剂浸注工艺试材(包括空白样)被害值的平均值，作为该工艺的被害值；以空白样的被害值为参考，对应于同类板材(弦向压缩对应于径切板，径向压缩对应于弦切板)，计算不同药剂浸注工艺的防治效力。不同浸注工艺的被害值和防治效力见表 6.6。

表 6.6 可见，对应于空白样，浸泡法和辊压浸注法试材的被害值都有不同程度的下降，提高了对变色菌的防治效力。

浸泡法中，随着药剂质量分数的增加，试材对可可球二孢菌的防治效力上升。药剂质量分数由 0.5%增大到 1.0%，径切板和弦切板的被害值分别下降了 17.39%和 17.16%，防治效力则分别提高了 31.79%和 52.50%。对于不同类板材，径切板的防治效力高于弦切板，药剂质量分数为 0.5%时，径切板比弦切板提高了 43.56%，药剂质量分数为 1.0%时，前者比后者提高了 24.07%，这是由于防腐剂通过裸露的管胞径面壁纹孔更易进入木材的缘故。

**表 6.6　不同药剂浸注方法的防治效力**

| 浸注方法 | 浸注工艺 | | | | 被害值 | 防治效力/% |
|---|---|---|---|---|---|---|
| | 压缩率/% | 药剂质量分数/% | 压缩次数 | 压缩方向 | | |
| 辊压浸注法 | 5 | 0.5 | 1 | 弦向 | 2.05 | 51.99 |
| | | | | 径向 | 2.33 | 42.04 |
| | | | 4 | 弦向 | 1.84 | 56.91 |
| | | | | 径向 | 2.00 | 50.25 |
| | | 1.0 | 1 | 弦向 | 1.24 | 70.96 |
| | | | | 径向 | 1.63 | 59.45 |
| | | | 4 | 弦向 | 1.02 | 76.11 |
| | | | | 径向 | 1.11 | 72.39 |
| | 10 | 0.5 | 1 | 弦向 | 1.52 | 64.40 |
| | | | | 径向 | 1.78 | 55.72 |
| | | | 4 | 弦向 | 1.24 | 70.96 |
| | | | | 径向 | 1.55 | 61.44 |
| | | 1.0 | 1 | 弦向 | 1.10 | 74.24 |
| | | | | 径向 | 1.28 | 68.16 |
| | | | 4 | 弦向 | 0.77 | 81.97 |
| | | | | 径向 | 1.02 | 74.63 |
| | 药剂质量分数/% | 试材类型 | 浸泡时间/min | | | |
| 浸泡法 | 0.5 | 径切板 | 3 | | 2.76 | 35.36 |
| | | 弦切板 | | | 3.03 | 24.63 |
| | 1.0 | 径切板 | | | 2.28 | 46.60 |
| | | 弦切板 | | | 2.51 | 37.56 |
| 空白样 | | 径切板 | | | 4.27 | — |
| | | 弦切板 | | | 4.02 | — |

辊压浸注法中，考查单一因素的影响，试材的被害值随着压缩率的增大、药剂质量分数的增加、压缩次数的提高而下降，而对变色菌的防治效力明显提升；压缩率由 5%增大到 10%，药剂质量分数 0.5%、弦向压缩、压缩 1 次试材的防治效力提高了 23.87%；药剂质量分数由 0.5%提高到 1.0%，压缩率 5%、径向压缩、压缩 4 次试材的防治效力提高了 44.06%；压缩次数由 1 次升为 4 次，压缩率 10%、

药剂质量分数 1.0%、弦向压缩试材的防治效力提高了 10.41%。弦向压缩(径切板)试材的防治效力大于径向压缩(弦切板)，增大的比率按照表 2 中由上到下的顺序依次为 23.67%、13.25%、19.36%、5.14%、15.58%、15.49%、8.92%和 9.84%。当辊压浸注工艺为压缩率 10%、药剂质量分数 1.0%、弦向压缩、压缩 4 次时，试材的防治效力达到最大值 81.97%。

本研究中，浸泡法对试材的防治效力在 24.63%～46.60%之间；在辊压浸注法中，除药剂质量分数 0.5%、压缩率 5%、径向压缩(弦切板)、压缩 1 次工艺对应试材的防治效力为 42.04%外，其他浸注工艺试材的防治效力均高于 50%。

根据表 6.6，药剂质量分数为 0.5%时，径切板(弦向压缩)试材辊压浸注法防治效力的平均值为 61.07%，比浸泡法提高了 25 个百分点；弦切板(径向压缩)试材辊压浸注法防治效力的平均值为 52.36%，比浸泡法提高了 27 个百分点。药剂质量分数为 1.0%时，径切板(弦向压缩)试材辊压浸注法防治效力的平均值为 75.82%，比浸泡法提高了 29 个百分点；而弦切板(径向压缩)试材辊压浸注法防治效力的平均值为 68.66%，比浸泡法提高了 31 个百分点。可见，辊压浸注法对变色菌的防治效力远大于浸泡法。

### 6.2.2.3　蓝变菌对试材感染性状

变色菌可可球二孢感染试材 4 周后，在试材厚度方向距离宽面 2.5 mm 处，沿顺纹方向劈开试材，取样在环境扫面电子显微镜下观察菌丝的生长、发展和蔓延情况。不同药剂浸注工艺试材(含空白样)内菌丝的发育生长情况见图 6.2 至图 6.7。

图 6.2 和图 6.3 分别是空白样的径切板和弦切板试材。由于没有经过任何的防

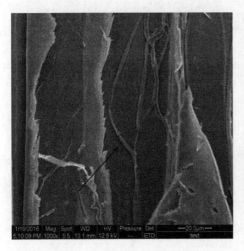 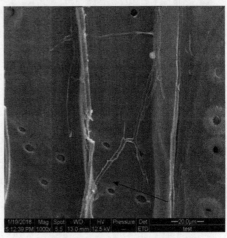

图 6.2　空白样径切板试材　　　　　　图 6.3　空白样弦切板试材

腐药剂浸注处理，试材不具有防御变色菌侵蚀的功能，可可球二孢在试材内的生长非常茂盛，菌丝粗壮、沿着管胞腔纵向生长和分布(箭头指向为菌丝，下同)、充满细胞腔。观察空白样的宏观特征，可见试材表面和内部均蓝变严重，劣化特征明显，与微观特征的表现相一致。

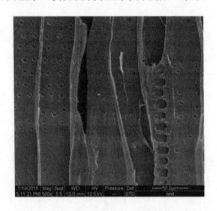 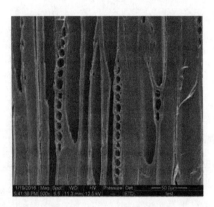

图 6.4　药剂质量分数 0.5%、浸泡 3min 弦切板试材　　图 6.5　压缩率 5%、药剂质量分数 0.5%、径向压缩 4 次辊压浸注试材

　　图 6.4 是采用药剂质量分数 0.5%、浸泡 3min 的浸泡法试材。与图 6.2 和图 6.3 相比，图 6.4 中的菌丝变得细弱、薄纱状，纤细的菌丝在细胞内壁的纹孔间蔓延和生长，占据细胞腔部分空间，进一步的发展和扩张受到抑制，说明试材具有了一定的防御变色菌的能力。

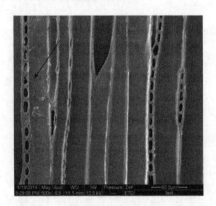 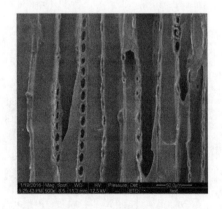

图 6.6　压缩率 10%、药剂质量分数 0.5%、弦向压缩 4 次辊压浸注试材　　图 6.7　压缩率 10%、药剂质量分数 1.0%、弦向压缩 4 次辊压浸注试材

　　图 6.5 和图 6.6 分别是压缩率 5%、药剂质量分数 0.5%、径向压缩、压缩 4 次和压缩率 10%、药剂质量分数 0.5%、弦向压缩、压缩 4 次辊压浸注试材。与空白

样和浸泡法试材相比，这两种浸注工艺试材内的菌丝仅局部存在，且数量明显减少、菌丝更加纤细，真菌的繁殖受到严重抑制。

图 6.7 是压缩率 10%、药剂质量分数 1.0%、弦向压缩、压缩 4 次的辊压浸注试材。观察发现，500 倍电子显微镜下已观察不到菌丝的存在痕迹，此种药剂浸注工艺条件已经能够完全抑制了可可球二孢真菌的生长。

## 6.2.3　小结

(1) 径切板试材的载药量大于弦切板。辊压浸注试材的载药量随着压缩率、压缩次数和药剂质量分数的增加而增大。辊压浸注法的载药量大于浸泡法，药液质量分数为 0.5%、压缩率为 5% 和 10% 辊压浸注试材的载药量比浸泡法分别大 133.33% 和 224.24%；药液质量分数为 1.0%、两种压缩率试材的载药量比浸泡法分别大 183.67% 和 218.37%。当压缩率为 10%、药剂质量分数为 1.0%、压缩 4 次、弦向压缩的条件下，载药量达到最大值为 1.83 $kg/m^3$。

(2) 浸泡法对试材的防治效力在 24.63%～46.60% 之间，辊压浸注法的防治效力在 42.04%～81.97% 之间，后者的防治效力比前者提高了 25 个百分点以上；当辊压浸注工艺为压缩率 10%、药剂质量分数 1.0%、弦向压缩、压缩 4 次时，试材的防治效力达到最大值 81.97%。

(3) 辊压浸注法对可可球二孢真菌繁殖的抑制作用大于浸泡法；空白样、浸泡法和辊压浸注法试材中菌丝的发展顺序呈现由旺盛到纤弱、由充满细胞腔到局部存在的态势，与试材表面和内部的宏观特征一致。

# 第7章　辊压次数对防腐性能和力学性能的影响

　　木材的防护处理是以提高木材的防腐性能、阻燃性能或尺寸稳定性等为目的，通过对木材进行物理加工或化学加工来改变或改良木材原有性质的方法。在科学研究和行业生产中，将防护性药剂浸注到木材内一定深度，便能达到相应的功能指标要求，被证明是行之有效的木材改性方法。药剂浸注方法包括常压法和加压法两类，常压法是在大气压下操作，包括浸泡、喷淋、涂刷等方法，主要用于防护期短、防护性要求不高的场合；加压法是使用压力容器将药剂压注到木材内一定深度，该方法虽然药剂浸注深、防护性高，但操作烦琐、工艺复杂、生产效率低，因使用压力容器而存在安全隐患。

　　辊压浸注法是一种高效率的木材改性剂注入方法。在改性剂液面下，木材板材在压缩变形-变形回复的瞬间，因负压吸液效应和纹孔膜破裂特征的协同作用将改性剂注入其中。以往研究表明，辊压法能够实现防腐剂对木材板材的浸注处理，并使木材具有相应的防腐性能；因机械压辊的压缩作用，处理材的力学性能会有所降低，降低的幅度与压缩率呈正相关；在压缩率受到限制的情况下，增加压缩次数就成为提高药剂浸注量（载药量）的重要选择。本研究以大青杨为试材，辊压浸注 DDAC 和 ACQ 两种水溶性防腐剂，探讨辊压压缩次数对处理材的防腐性能和主要力学指标的影响。

## 7.1　材料与方法

### 7.1.1　材料及设备

　　实验试材树种为大青杨（*Populus ussuriensis* Kom.），采自吉林省上营森林经营局正阳林场，树龄 30～35 a，原木长 6000 mm，直径 400～600 mm，锯制为标准的径切板和弦切板，同一块板材内材性相近、无节疤、纹理均匀通直，板材尺寸800 mm（长）×250 mm（宽）×20 mm（高）。

　　木材防腐剂：DDAC（二癸基二甲基氯化铵），ACQ（由 CuO 与 DDAC 按质量比 2∶1 复配，溶剂为乙醇胺），质量分数：0.5%、1.0%和 1.5%。

接种试菌：采绒革盖菌［*Coriolus vcrsioolor*（Fr.）Cooke］。

辊压机（上辊为主动辊，转速 16 r/min，下辊为从动辊，压辊直径 250 mm）；微机控制电子式木材万能力学试验机（WDW-100E）；压力-真空处理罐，250 mm（直径）×400 mm（高）；电热干燥箱（DHG-9075A）；电子天平（精度 0.001 g）；恒温恒湿箱（Climacell 404）。

## 7.1.2　研究方法

压缩率根据不同的研究内容设定，防腐性能测试为 10%和 30%，力学性能测试为 10%、20%和 30%；压缩方向，径向和弦向，即对弦切板施行径向压缩，对径切板施行弦向压缩；压缩次数：1、3、5，在同一压缩率下的多次压缩，在上次压缩结束后，迅速进行下一次辊压。

沿每块径切板和弦切板的长度方向横向锯为两块试材，一块用于未处理材试件的制作，另一块用于辊压处理材的试件制作；辊压处理后，来源于同一块板材的未处理材和辊压处理材按照锯开以前的位置摆放在一起，作为一块板材进行防腐性能和力学性能测试试件的对应制作。力学强度检测仅测试辊压压缩方向，即对径向压缩的木材，测量径向的力学强度，对弦向压缩的木材，测量弦向的力学强度。

将待辊压浸注防腐剂的大青杨板材先行饱水处理；饱水处理的方法是将试材放入压力-真空处理罐中，经过抽真空（真空度 0.098 MPa，20 min）－注水－加压－保压（压力 4 MPa，25 min）－卸压，取出罐中试材，常温常压下在清水中浸泡 24 h 以上，至其达到饱水状态（含水率 150%～170%）。

辊压处理后的试材经过气干与对应的未处理材在室温条件下存放 30 天后，根据木材力学试验方法国家标准和木材耐久性试验方法国家标准，进行各种力学强度和防腐性能试件的加工制作、含水率调整和测试。

木材横纹抗拉强度的测试根据有关文献，采用两个等腰梯形短边相连的形状，纹理方向与长边平行；对径切板（弦向压缩），顺纹抗剪强度和横纹抗拉强测试的破坏面均为弦切面，对弦切板（径向压缩），破坏面均为径切面。

# 7.2　结果与分析

## 7.2.1　载药量

使用 DDAC（质量分数 0.5%、1.0%和 1.5%）和 ACQ（质量分数同 DDAC）两种水

溶性木材防腐剂对大青杨径切板和弦切板进行 2 个压缩方向(弦向和径向)、2 种压缩率(10%和30%)和每一种压缩率下 3 种压缩次数(1 次、3 次和 5 次)的辊压浸注防腐剂处理,并对被防腐剂浸注处理板材的载药量进行了测试,结果见表 7.1。

可知,使用辊压法能够实现木材板材对水溶性防腐剂的浸注,浸注量(载药量)与辊压浸注工艺相关。当压缩率为 10%,浸注 DDAC 防腐剂时,质量分数 0.5%达到的载药量为 2.710~4.213 kg/m³,质量分数 1.0%达到的载药量为 5.336~7.934 kg/m³,质量分数 1.5%达到的载药量为 7.816~9.991 kg/m³;浸注 ACQ 防腐剂时,质量分数 0.5%达到的载药量为 2.594~3.991 kg/m³,质量分数 1.0%达到的载药量为 4.877~6.098 kg/m³,质量分数 1.5%达到的载药量 7.103~8.820 kg/m³。当压缩率为 30%,浸注 DDAC 防腐剂时,质量分数 0.5%达到的载药量为 4.457~6.293 kg/m³,质量分数 1.0%达到的载药量为 8.743~9.841 kg/m³,质量分数 1.5%达到的载药量为 11.254~15.423 kg/m³;浸注 ACQ 防腐剂时,质量分数 0.5%达到的载药量为 4.197~5.930 kg/m³,质量分数 1.0%达到的载药量为 7.891~8.826 kg/m³,质量分数 1.5%达到的载药量为 10.405~13.338 kg/m³。由此,载药量与防腐剂质量分数和压缩率呈正相关关系。

表 7.1　辊压浸注防腐剂的载药量　　　　(单位：kg/m³)

| 压缩方向 | 压缩率/% | 压缩次数 | DDAC/% | | | ACQ/% | | |
|---|---|---|---|---|---|---|---|---|
| | | | 0.5 | 1.0 | 1.5 | 0.5 | 1.0 | 1.5 |
| 径向 | 10 | 1 | 2.710 | 5.336 | 7.816 | 2.594 | 4.877 | 7.103 |
| | | 3 | 3.415 | 6.417 | 8.224 | 3.073 | 5.625 | 7.994 |
| | | 5 | 3.626 | 6.822 | 8.450 | 3.335 | 5.903 | 8.135 |
| | 30 | 1 | 4.457 | 8.743 | 11.254 | 4.197 | 7.891 | 10.405 |
| | | 3 | 5.221 | 9.456 | 12.105 | 5.029 | 8.314 | 11.528 |
| | | 5 | 5.407 | 9.754 | 12.348 | 5.304 | 8.542 | 12.007 |
| 弦向 | 10 | 1 | 3.248 | 6.214 | 9.103 | 3.105 | 5.006 | 7.811 |
| | | 3 | 4.005 | 7.525 | 9.825 | 3.926 | 5.732 | 8.658 |
| | | 5 | 4.213 | 7.934 | 9.991 | 3.991 | 6.098 | 8.820 |
| | 30 | 1 | 5.020 | 9.025 | 14.228 | 4.884 | 7.955 | 12.255 |
| | | 3 | 6.145 | 9.662 | 15.009 | 5.624 | 8.747 | 13.041 |
| | | 5 | 6.293 | 9.841 | 15.423 | 5.930 | 8.826 | 13.338 |

在同一辊压工艺条件下,DDAC 的载药量高于 ACQ,如弦向压缩、压缩率 10%、辊压 1 次、质量分数 1.0%时,DDAC 的载药量为 6.214 kg/m³,ACQ 为 5.006 kg/m³;同样,载药量也因压缩方向而异,弦向压缩径切板材的载药量大于径向压缩的弦切板材,如辊压浸注质量分数 1.5%的 ACQ 防腐剂,在压缩率 10%、压缩次数为

5 次时，弦向压缩的载药量为 8.820 kg/m$^3$，径向压缩的为 8.135 kg/m$^3$。这是因为由薄壁细胞组成的大青杨木材的木射线更多地暴露在径切板材的表面，在压辊机械力的作用下更易吸附和浸注防腐剂。

在相同辊压浸注工艺条件下，防腐处理材的载药量随着辊压压缩次数的增加而增大，如径向压缩（压缩率 10%）辊压浸注质量分数 1.0% 的 DDAC 防腐剂，辊压 1 次、3 次、5 次对应的载药量分别是 5.336 kg/m$^3$、6.417 kg/m$^3$、6.822 kg/m$^3$；同时，辊压 3 次与 1 次相比，载药量的增加值大于辊压 5 次与 3 次的差值，如弦向压缩（压缩率 30%）辊压浸注质量分数 1.0% 的 ACQ 防腐剂，辊压 3 次与 1 次相比，载药量的增加量为 0.792 kg/m$^3$，而辊压 5 次与 3 次相比，增加量仅为 0.079 kg/m$^3$，随着辊压次数的增加，载药量增加的幅度逐渐减小。

根据国家林业行业标准 LY/T 1636—2005《防腐木材的使用分类和要求》中对于载药量的规定，在本研究中，使用 DDAC 或 ACQ 防腐剂，当质量分数高于 1.0%，压缩率为 10% 的防腐处理材既能达到 C3 类（载药量 4.0 kg/m$^3$，用于户外环境中使用，不接触土壤，避免长期浸泡在水中，能有效抵抗蛀虫、白蚁、木腐菌的侵蚀）的要求。

### 7.2.2　质量损失率

对使用 DDAC 和 ACQ 两种木材防腐剂辊压浸注后的大青杨木材、未处理材依据 GB/T 13942.1—1992 进行实验室防腐性能检测，计算质量损失率，实验结果见表 7.2。

表 7.2　辊压浸注防腐剂的质量损失率

| 压缩方向 | 压缩率/% | 压缩次数 | DDAC/% | | | ACQ/% | | |
| --- | --- | --- | --- | --- | --- | --- | --- | --- |
| | | | 0.5 | 1.0 | 1.5 | 0.5 | 1.0 | 1.5 |
| 径向 | 10 | 1 | 24.18 | 21.22 | 19.16 | 22.27 | 20.78 | 17.70 |
| | | 3 | 22.28 | 20.84 | 18.78 | 20.69 | 19.69 | 15.22 |
| | | 5 | 21.79 | 20.47 | 18.63 | 19.17 | 17.45 | 14.56 |
| | 30 | 1 | 23.12 | 20.75 | 17.60 | 20.97 | 18.79 | 15.36 |
| | | 3 | 21.21 | 19.49 | 16.49 | 19.01 | 18.01 | 13.13 |
| | | 5 | 20.65 | 19.21 | 14.30 | 19.48 | 17.83 | 14.08 |
| 弦向 | 10 | 1 | 22.07 | 20.74 | 20.04 | 20.20 | 18.85 | 17.05 |
| | | 3 | 20.45 | 18.43 | 17.35 | 17.74 | 16.27 | 14.26 |
| | | 5 | 19.82 | 17.22 | 16.72 | 16.93 | 15.44 | 13.81 |
| | 30 | 1 | 21.73 | 18.55 | 17.14 | 19.94 | 16.33 | 14.44 |
| | | 3 | 18.45 | 16.34 | 14.21 | 16.54 | 13.35 | 11.29 |
| | | 5 | 17.30 | 16.08 | 14.37 | 16.93 | 11.08 | 10.01 |

注：空白样为 31.82。

可知，经过辊压浸注防腐剂 DDAC 和 ACQ 处理木材的质量损失率均小于未处理材，处理材具有了不同程度的防腐能力，质量损失率的大小与辊压浸注工艺相关。忽略压缩方向的影响，当压缩率 10%，浸注 DDAC 防腐剂，质量分数 0.5%时，试材的质量损失率为 24.18%～19.82%；质量分数 1.0%时，试材的质量损失率为 21.22%～17.22%，质量分数 1.5%时，试材的质量损失率为 19.16%～16.72%；浸注 ACQ 防腐剂，质量分数为 0.5%、1.0%和 1.5%时，对应的试材的质量损失率分别为 22.27%～16.93%、20.78%～15.44%和 17.70%～13.81%。当压缩率为 30%，浸注 DDAC 防腐剂时，上述 3 种质量分数对应的试材的质量损失率分别是 23.12%～17.30%、20.75%～16.08%和 17.60%～14.37%；浸注 ACQ 防腐剂时，3 种质量分数对应的试材的失重率依次是 20.97%～16.93%、18.79%～11.08%和 15.36%～10.01%。可见，质量损失率随着防腐剂质量分数和压缩率的增大而减小，与二者呈负相关。

对照表 7.2 和表 7.1 可知，在同一辊压浸注工艺条件下，DDAC 的载药量高于 ACQ，而质量损失率却大于后者，如压缩率 10%、弦向压缩 5 次时，DDAC 的载药量为 4.213 kg/m$^3$、失重率为 19.82%，ACQ 的载药量为 3.991 kg/m$^3$、质量损失率为 16.93%，说明 ACQ 比 DDAC 具有更强的抵御采绒革盖菌侵蚀的能力。

在相同辊压浸注工艺条件下，防腐处理材的质量损失率随着辊压压缩次数的增加而减小，如弦向压缩(压缩率 30%)辊压浸注质量分数 1.0%的 ACQ 防腐剂，辊压 1 次、3 次和 5 次对应的质量损失率分别是 16.33%、13.35%和 11.08%；同时，辊压 3 次与 1 次相比，质量损失率的变化值大于辊压 5 次与 3 次的差值，如径向压缩(压缩率 30%)辊压浸注质量分数 1.0%的 DDAC 防腐剂，辊压 3 次与 1 次相比，质量损失率的变化值为 1.26%，而辊压 5 次与 3 次相比，变化值为 0.28%，随着辊压次数的增加，质量损失率变小的幅度逐渐收窄。

对照 GB/T 13942.1—2009《木材天然耐久性试验方法、木材天然耐腐性实验室试验方法》中耐腐等级评定标准，使用质量分数 1.0%以上的 DDAC 防腐剂或质量分数 0.5%以上的 ACQ 防腐剂辊压浸注处理木材，处理材的耐腐等级即能达到耐腐级别(质量损失率 11%～24%)以上。

### 7.2.3　力学性质

对大青杨的径切板和弦切板进行两个压缩方向(弦向和径向)、3 种压缩率(10%、20%和 30%)和每一种压缩率下 3 种压缩次数(1 次、3 次和 5 次)的辊压压缩处理，通过对未处理材和辊压处理材抗弯强度等 7 种力学指标数值的测试，以处理材的力学强度值减去未处理材对应强度的差值占未处理材强度的百分比，定义为强度变化率，作为分析和研究辊压处理因压缩次数致木材力学强度变异的指标。测试与计算结果见表 7.3。

**表 7.3　辊压次数对大青杨木材力学性质的影响**

| 压缩方向 | 压缩率/% | 压缩次数 | 抗弯强度变化率/% | 抗弯弹性模量变化率/% | 冲击韧性变化率/% | 顺纹抗压强度变化率/% | 顺纹抗剪强度变化率/% | 横纹抗拉强度变化率/% | 硬度变化率/% |
|---|---|---|---|---|---|---|---|---|---|
| 径向 | 10 | 1 | −3.107 | −1.982 | −1.017 | 2.391 | −2.071 | −0.217 | 2.360 |
| | | 3 | −6.920 | −4.775 | −5.567 | −0.714 | −4.220 | −3.358 | −4.912 |
| | | 5 | −8.003 | −6.013 | −8.442 | −1.833 | −5.734 | −5.277 | −6.055 |
| | 20 | 1 | −6.325 | −4.416 | −6.604 | −1.185 | −5.137 | −3.446 | 1.394 |
| | | 3 | −12.433 | −9.177 | −12.125 | −2.475 | −7.809 | −7.099 | −6.581 |
| | | 5 | −14.056 | −11.320 | −15.328 | −2.936 | −9.485 | −9.623 | −9.208 |
| | 30 | 1 | −9.046 | −9.842 | −14.753 | −2.106 | −9.744 | −8.943 | 0.674 |
| | | 3 | −13.329 | −12.301 | −19.426 | −4.773 | −10.323 | −11.125 | −7.795 |
| | | 5 | −15.724 | −13.954 | −20.018 | −5.218 | −11.278 | −13.976 | −10.57 |
| 弦向 | 10 | 1 | 2.254 | 1.457 | −0.178 | 1.277 | −4.166 | −3.047 | 1.421 |
| | | 3 | −2.411 | −3.552 | −5.525 | −1.054 | −6.351 | −5.527 | −6.496 |
| | | 5 | −5.723 | −5.039 | −8.007 | −2.031 | −7.744 | −7.806 | −9.757 |
| | 20 | 1 | −10.793 | −7.053 | −8.816 | 0.499 | −4.842 | −5.465 | 0.742 |
| | | 3 | −15.666 | −13.225 | −13.740 | −2.398 | −7.214 | −7.338 | −8.579 |
| | | 5 | −17.776 | −17.834 | −18.213 | −3.990 | −9.365 | −9.304 | −11.202 |
| | 30 | 1 | −15.834 | −13.800 | −15.224 | −3.088 | −10.839 | −10.196 | −2.034 |
| | | 3 | −19.152 | −16.619 | −20.903 | −4.217 | −13.565 | −13.264 | −8.811 |
| | | 5 | −20.037 | −18.343 | −22.741 | −5.509 | −15.908 | −15.527 | −12.084 |

可知，忽略仅有的几个为正值的数据，绝大多数力学强度变化率为负值，可见因辊压压缩处理，木材 7 种力学强度值与未处理材相比，均有所下降；在低压缩率和 1 次压缩的情况下，存在处理木材个别力学强度指标略有增大的情况，如压缩率 10%、径向压缩 1 次时，顺纹抗压强度增大了 2.391%、硬度增大了 2.360%，压缩率 20%、弦向压缩 1 次时，顺纹抗压强度增大了 0.499%、硬度增大了 0.742%，但增大的数值很小，且当辊压次数增加至 3 次时，7 种力学强度变化率均为负值，力学强度下降特征明显。7 种力学强度中，抗弯强度变化率为 2.254%～−20.037%，抗弯弹性模量变化率 1.457%～−18.343%，冲击韧性变化率−0.178%～−22.741%，顺纹抗压强度变化率 2.391%～−5.509%，顺纹抗剪强度变化率−2.071%～−15.908%，横纹抗拉强度变化率−0.217%～−15.527%，硬度变化率 2.360%～−12.084%。

　　随着压缩次数的增加，7 种力学强度变化率均有进一步减小的趋势，木材的力学损失继续增大，但力学损失下降的幅度逐渐收窄；如弦向压缩、压缩率 20%，压缩次数由 1 次增加到 3 次时，抗弯强度变化率的差值为 4.873%，压缩次数由 3 次增加到 5 次，强度变化率的差值为 2.110%；如径向压缩、压缩率 30%，压缩次数由 1 次增加到 3 次时，抗弯弹性模量变化率的差值为 2.459%，压缩次数由 3 次增加到 5 次，强度变化率的差值为 1.653%；如径向压缩、压缩率 10%，压缩次数由 1 次增加到 3 次时，硬度变化率的差值为 7.272%，压缩次数由 3 次增加到 5 次，硬度变化率的差值为 1.143%。

　　在所测试的 7 种木材力学强度指标中，受辊压压缩的影响，力学变异性最小的是顺纹抗压强度，当压缩次数增至为 5 次，弦向压缩、压缩率 30% 时的强度变化率为 -5.509%，力学损失小于 6%。力学变异最大的是冲击韧性，在压缩率 30%、弦向压缩、压缩 5 次的情况下，大青杨木材弦向的冲击韧性损失达到 22.741%。

　　分析表 7.3 中数据可知，因辊压压缩处理致大青杨木材力学变异，在仅测试压缩方向力学强度的前提下，弦向压缩引起的力学损失大于径向压缩；如冲击韧性，压缩率 20%、压缩次数 5 次，弦向压缩致弦向的强度变化率为 -18.213%，径向压缩致径向的强度变化率为 -15.328%，力学损失增加 2.885%；如顺纹抗剪强度，压缩率 30%、压缩次数 5 次，弦向压缩的强度变化率为 -15.908%，径向压缩的强度变化率为 -11.278%，力学损失增加 4.630%。

# 7.3　本 章 小 结

　　辊压浸注法能够实现水溶性防腐剂对大青杨板材的浸注处理，防腐剂浸注量（载药量）与辊压工艺中防腐剂质量分数、压缩率呈正相关；同时，随着辊压压缩次数的增加，防腐剂的载药量增大，辊压浸注 DDAC（质量分数 1.5%）5 次的载药量达到 15.423 kg/m$^3$；辊压 3 次与 1 次相比，载药量的增加值大于辊压 5 次与 3 次的差值，载药量增加的幅度逐渐减小。

　　经过辊压浸注防腐剂处理的大青杨木材，防腐性能主要指标即质量损失率均小于未处理材，处理材的防腐性能明显提高；处理材的质量损失率与防腐剂质量分数、压缩率呈负相关；随着辊压压缩次数的增加，质量损失率呈减小趋势，减小的幅度逐渐收窄，辊压浸注 ACQ（质量分数 1.5%）5 次的质量损失率达到 10.01%。

　　经过辊压处理的大青杨木材 7 种力学性能指标均有所降低，力学性能变异最小的是顺纹抗压强度，最大的是冲击韧性，当压缩次数为 5 次时，二者的力学损失分别为 5.509% 和 22.741%；随着辊压压缩次数的增加，处理材的力学损失增大，但增大的幅度逐渐减小。

# 第8章 辊压浸注浸渍树脂与木材性能表征

　　木材改性处理是以提高木材的尺寸稳定性或力学性能等为目的，通过对木材进行物理加工或化学加工来改变或改良木材原有性质的方法。在科学研究和行业生产中，使用小分子树脂浸注木材并使之在木材内固化，被证明是行之有效的木材增强处理方法；使用小分子浸渍树脂浸注木材的方法，需将木材置于压力容器内，加压将低黏度树脂压注到木材内一定深度并使树脂交联聚合，该浸注方法操作烦琐、工艺复杂、生产效率低，因使用压力容器而存在安全隐患。

　　辊压浸注法是一种高效的木材改性剂注入方法(在改性剂液面下，利用钢质压辊对木材的机械压缩和低压吸附作用将改性剂注入木材)。笔者以甲阶的酚醛树脂和脲醛树脂为浸渍树脂，对大青杨木材板材进行辊压浸注处理，对处理材的增重率和几种主要木材力学性能进行了测试和比较研究。

## 8.1　材料、方法和设备

### 8.1.1　材料

　　试材：大青杨(*Populus ussuriensis* Kom.)板材，标准的径切板和弦切板，规格：300 mm(长) × 120 mm(宽) × 20 mm(厚)，吉林省上营森林经营局正阳林场。

　　浸渍树脂：实验室合成。脲醛树脂：原胶黏度(涂 4/30℃)14.2 s，质量分数53%，依次稀释为40%和30%；$\overline{M_{\mathrm{W}}}$ =8.869 5 × $10^5$ g/mol，$\overline{M_{\mathrm{D}}}$ =3.201 0 × $10^4$ g/mol，D=27.709。

　　酚醛树脂：原胶黏度(涂 4/30℃)15.8 s，质量分数55%，依次稀释为 40%和 30%；$\overline{M_{\mathrm{W}}}$ =1.9815 × $10^2$ g/mol，$\overline{M_{\mathrm{D}}}$ =1.735 9 × $10^2$ g/mol，D=1.1415。

### 8.1.2　方法

#### 8.1.2.1　试材的饱水处理

　　为减少辊压压缩对木材力学性能的影响，将待辊压浸注浸渍树脂的板材先行饱水处理；饱水处理的方法是将试材放入压力-真空处理罐中，经过抽真空(真空度

0.098 MPa，20 min)-注水-加压-保压(压力 4 MPa，25 min)-卸压，取出罐中试材常温常压下在清水中浸泡 24 h 以上，至其达到饱水状态(含水率 150%~170%)。

### 8.1.2.2　试验方法

辊压浸注浸渍树脂使用的板材为标准的弦切板和径切板两种，浸渍树脂为脲醛树脂和酚醛树脂，压缩率设定为 10%和 30%，压缩次数为 1 次、3 次和 5 次，辊压压缩方向依木材纹理分为径向和弦向，对弦切板施行的是径向压缩，对径切板施行的是弦向压缩。超过 1 次辊压浸注的，上一次辊压浸注结束后，迅速进行下一次辊压浸注。辊压浸注处理后，即将板材立起放置，并常温干燥 12 h 以上，再置于电热干燥箱中，60℃和 80℃各干燥 24 h 后分别干燥，浸注脲醛树脂处理材140℃干燥 4 h，酚醛树脂处理材 125℃干燥 4 h，最后将两种处理材干燥温度降至100℃继续干燥至全干。

增重率测试后，按照国家有关标准锯制木材力学测试试件，力学性能测试时，试验机的加载方向为辊压压缩方向。

### 8.1.3　设备

辊压机(上辊为主动辊，下辊为从动辊，压辊直径 250 mm，主动辊转速为20 r/min)；微机控制电子式木材万能力学试验机(WDW-100E)；压力-真空处理罐，250 mm(直径)×400 mm(高)；电热干燥箱(DHG-9075A)；电子秤(精度 0.01 g)；恒温恒湿箱(Climacell 404)；漆膜磨耗仪(JM-I)。

# 8.2　结果与讨论

## 8.2.1　增重率

辊压浸注浸渍树脂处理材的增重率是衡量树脂对试材浸注量的重要指标，与处理木材力学性质的变异具有相关性，笔者研究以大青杨板材辊压浸注两种浸渍树脂前后全干状态时质量的差值占浸注前该试材全干质量的百分比来表示。结果见表 8.1。

根据表 8.1 可知，除极个别数据外，在相同辊压浸注工艺条件(浸渍树脂种类、质量分数、压缩率、压缩方向、压缩次数)下，处理材的增重率随着树脂质量分数、辊压压缩率和压缩次数的增加而增大；如浸注脲醛树脂，在压缩率 10%、压缩3 次和径向压缩情况下，对应于树脂质量分数 30%、40%和 53%的增重率分别为1.92%、4.13%和 6.24%；浸注酚醛树脂，质量分数为 40%、辊压 1 次和弦向压缩

**表 8.1　辊压浸注浸渍树脂处理材的增重率**

| 树脂名称 | 质量分数/% | 压缩率/% | 增重率/% | | | | | |
| --- | --- | --- | --- | --- | --- | --- | --- | --- |
| | | | 辊压 1 次 | | 辊压 3 次 | | 辊压 5 次 | |
| | | | 径向 | 弦向 | 径向 | 弦向 | 径向 | 弦向 |
| 脲醛树脂 | 30 | 10 | 0.85 | 1.93 | 1.92 | 3.55 | 1.93 | 4.41 |
| | | 30 | 4.34 | 2.09 | 4.65 | 4.93 | 3.55 | 5.53 |
| | 40 | 10 | 3.54 | 4.20 | 4.13 | 5.22 | 5.37 | 6.26 |
| | | 30 | 4.39 | 5.74 | 9.98 | 9.69 | 12.88 | 11.87 |
| | 53 | 10 | 4.91 | 4.29 | 6.24 | 6.56 | 5.19 | 5.22 |
| | | 30 | 5.70 | 6.91 | 9.61 | 10.10 | 12.75 | 12.92 |
| 酚醛树脂 | 30 | 10 | 2.01 | 4.26 | 4.42 | 4.41 | 4.99 | 4.07 |
| | | 30 | 4.25 | 4.44 | 5.69 | 7.59 | 6.51 | 7.87 |
| | 40 | 10 | 4.38 | 4.23 | 5.77 | 5.56 | 5.63 | 6.32 |
| | | 30 | 4.92 | 5.71 | 6.88 | 7.78 | 12.12 | 11.06 |
| | 55 | 10 | 4.43 | 5.67 | 9.31 | 8.72 | 9.07 | 10.07 |
| | | 30 | 6.99 | 8.78 | 10.88 | 11.65 | 12.44 | 15.16 |

注：表中的径向和弦向是指辊压浸注浸渍树脂时对木材纹理的压缩方向，下同。

时，对应压缩率 10%和 30%，增重率分别为 4.23%和 5.71%，增重率增大了 1.48%；浸注酚醛树脂，质量分数为 55%、压缩率 30%和弦向压缩的情况下，对应于压缩 1 次、3 次和 5 次的增重率分别是 8.78%、11.65%和 15.16%；浸注脲醛树脂的增重率由 0.85%增大到 12.92%，浸注酚醛树脂的增重率由 2.01%增大到 15.16%。就本研究中使用的浸渍树脂，酚醛树脂浸注试材的增重率大于脲醛树脂。对于弦向压缩的径切板材和径向压缩的弦切板材，前者的增重率略大于后者，二者差值的平均值为 0.62%，这是因为由薄壁细胞组成的大青杨木材的木射线更多地暴露在径切板材的表面，在辊压机械力的作用下更易吸附和浸注浸渍树脂。

## 8.2.2　硬度

辊压处理材硬度的测定依据 GB/T 1941—2009 进行，试验机的加载方向与辊压压缩方向一致，即对径向辊压浸注浸渍树脂的板材，仅测试木材径向的硬度，而弦向亦如此；辊压前后硬度的测定在同一块板材上进行，在径切板或弦切板的宽面选定两个纹理、材性一致并隔开一定距离的区域，辊压处理前，在其中的一个区域测试硬度，辊压处理后在另外一个区域测试树脂浸注后的硬度，辊压处理后的硬度值减去处理前的差值与处理前硬度值的比，称为硬度的变化率，表示本研究中辊压浸注浸渍树脂后大青杨木材硬度的变异。结果见表 8.2。

**表 8.2　辊压浸注浸渍树脂处理材硬度的变化率**

| 树脂名称 | 质量分数/% | 压缩率/% | 硬度变化率/% | | | | | |
| --- | --- | --- | --- | --- | --- | --- | --- | --- |
| | | | 辊压 1 次 | | 辊压 3 次 | | 辊压 5 次 | |
| | | | 径向 | 弦向 | 径向 | 弦向 | 径向 | 弦向 |
| 脲醛树脂 | 30 | 10 | 1.63 | 2.17 | 2.62 | 4.29 | 2.89 | 4.32 |
| | | 30 | 2.03 | 4.21 | 4.05 | 6.61 | 4.33 | 5.02 |
| | 40 | 10 | 3.88 | 5.11 | 5.66 | 7.01 | 5.28 | 7.41 |
| | | 30 | 4.43 | 4.50 | 4.50 | 7.51 | 5.14 | 8.09 |
| | 53 | 10 | 5.68 | 8.41 | 6.83 | 8.92 | 7.34 | 9.01 |
| | | 30 | 6.75 | 7.07 | 8.53 | 10.71 | 8.84 | 11.32 |
| 酚醛树脂 | 30 | 10 | 4.73 | 4.21 | 4.69 | 5.82 | 4.48 | 6.52 |
| | | 30 | 4.56 | 6.71 | 4.22 | 5.41 | 4.57 | 5.02 |
| | 40 | 10 | 4.69 | 7.10 | 8.69 | 8.21 | 6.62 | 8.71 |
| | | 30 | 7.83 | 9.80 | 6.30 | 8.41 | 7.06 | 8.81 |
| | 55 | 10 | 8.14 | 9.40 | 8.03 | 10.16 | 8.74 | 10.24 |
| | | 30 | 8.71 | 10.11 | 9.25 | 11.41 | 9.37 | 11.89 |

根据表 8.2 可知，辊压浸注浸渍树脂处理板材的硬度与未处理时相比，均得到了提高，提高的幅度因辊压工艺而异，辊压浸注脲醛树脂处理材的硬度提高了 1.63%~11.32%，浸注酚醛树脂处理材的硬度提高了 4.21%~11.89%。除极个别数据外，在相同辊压浸注工艺条件下，处理材的硬度变化率随着树脂质量分数、辊压压缩率和压缩次数的增加而增大；辊压浸注酚醛树脂硬度值的变化率大于脲醛树脂。在其他工艺条件相同的情况下，随着辊压次数的增加，硬度的增大逐渐趋缓，甚至有出现变小的趋势，即辊压 5 次与 3 次相比，硬度变化率的差值小于辊压 3 次与 1 次相比的变化值，如对于酚醛树脂，质量分数 40%，压缩率 10%，压缩方向为弦向的工艺条件，压缩 3 次与 1 次相比，硬度提高了 1.11 个百分点，而 5 次与 3 次相比，仅提高了 0.5 个百分点，这是由于辊压处理会降低木材某些力学性能的原因。

比照前述对增重率的研究结论可知，辊压浸注浸渍树脂处理材硬度变化率的变化规律与增重率的变异是一致的，可见在本研究中硬度与增重率存在着正相关关系。

### 8.2.3　耐磨性

辊压浸注浸渍树脂处理材材面耐磨性的测定依据 GB/T 15102—1994 进行；挑选长度 200 cm、纹理通直、材性均匀的大青杨标准的径切板和弦切板，每块板材由板长中间线横向锯为两部分，一部分作为辊压浸注浸渍树脂前板面耐磨性能测试的材料，另一部分作为辊压浸注后的测试材料，耐磨性能的测试需在两部分试材同一板面上进行；在本研究中，对径切板(弦向压缩)测试的是径切面的耐磨性，对弦切板(径向压缩)测试的是弦切面的耐磨性。

　　将测得的未辊压浸注处理板面的磨耗值减去处理材同一板面的磨耗值的差值占未处理材磨耗值的百分比，称为板面耐磨性的变化率，用于表征处理材材面耐磨性的变化情况，结果见表 8.3。

**表 8.3　辊压浸注浸渍树脂处理材耐磨性的变化率**

| 树脂名称 | 质量分数/% | 压缩率/% | 耐磨性变化率/% | | | | | |
| --- | --- | --- | --- | --- | --- | --- | --- | --- |
| | | | 辊压 1 次 | | 辊压 3 次 | | 辊压 5 次 | |
| | | | 径向 | 弦向 | 径向 | 弦向 | 径向 | 弦向 |
| 脲醛树脂 | 30 | 10 | 4.02 | 5.71 | 3.80 | 7.47 | 5.20 | 9.61 |
| | | 30 | 6.24 | 7.80 | 6.95 | 8.38 | 7.99 | 9.27 |
| | 40 | 10 | 7.69 | 10.31 | 8.41 | 12.44 | 8.42 | 15.07 |
| | | 30 | 8.33 | 11.89 | 8.40 | 12.37 | 14.45 | 14.32 |
| | 53 | 10 | 10.05 | 15.79 | 14.74 | 16.03 | 14.39 | 17.22 |
| | | 30 | 12.96 | 16.81 | 15.27 | 18.19 | 17.45 | 21.77 |
| 酚醛树脂 | 30 | 10 | 5.27 | 3.11 | 5.33 | 7.21 | 6.40 | 8.28 |
| | | 30 | 5.10 | 8.01 | 10.04 | 10.60 | 8.15 | 14.04 |
| | 40 | 10 | 4.20 | 8.55 | 9.98 | 13.25 | 10.02 | 16.64 |
| | | 30 | 8.49 | 12.71 | 11.29 | 16.42 | 15.44 | 17.67 |
| | 55 | 10 | 9.06 | 16.30 | 15.59 | 17.63 | 15.34 | 21.23 |
| | | 30 | 14.72 | 19.64 | 18.09 | 20.17 | 20.29 | 23.07 |

　　由表 8.3 可知，经过辊压浸注浸渍树脂处理的木材材面的耐磨性能，与未处理相比，均有提高，提高的幅度与辊压浸注工艺而异；辊压浸注脲醛树脂处理材的耐磨性提高了 3.80%～21.77%，浸注酚醛树脂的耐磨性提高了 3.11%～23.17%；在相同工艺条件下，辊压浸注酚醛树脂的耐磨性略高于脲醛树脂，如当质量分数 40%、压缩率 30%、压缩 3 次、弦向压缩时，浸注酚醛树脂耐磨性的变化率为 16.42%，而浸注脲醛树脂耐磨性的变化率仅为 12.37%；除极个别数据外，在相同辊压浸注工艺条件下，处理材耐磨性的变化率随着树脂质量分数、辊压压缩率和压缩次数的增加而增大；在其他工艺不变的条件下，弦向压缩板材径切面耐磨性的变化率大于径向压缩板材的弦切面，即前者耐磨性的增加高于后者，这一结论与增重率的变换是一致的，即随着树脂浸注量的增加，木材的耐磨性增大。

#### 8.2.4　抗弯强度、抗弯弹性模量和冲击韧性

抗弯强度、抗弯弹性模量和冲击韧性是木材重要的力学指标，三种力学强度的测试依照 GB/T 1936.1—2009、GB/T 1936.2—2009 和 GB/T 1940—2009 进行，研究方法同 7.2.3；笔者在研究中，仅测试辊压压缩方向的力学强度，即对径切板(弦向压缩)测试弦向的力学强度，对弦切板(径向压缩)测试径向的力学强度。

笔者在研究中，将辊压浸注浸渍树脂处理材与未处理材力学强度的差值占未处理材强度的百分比，称为力学强度的变化率，以此来反映辊压浸注浸渍树脂增强处理方法对三种力学性能指标的影响。结果见表 8.4。

由表 8.4 可知，辊压浸注浸渍树脂处理木材的抗弯强度、抗弯弹性模量和冲击韧性，与未处理材相比，均有不同程度的提高，提高的幅度与辊压浸注工艺而异；处理材三种力学强度的变化率随着树脂质量分数、辊压压缩率和压缩次数的增加而增大，辊压浸注脲醛树脂处理材的抗弯强度提高了 5.16%～19.08%，抗弯弹性模量提高了 4.20%～15.65%，冲击韧性提高了 2.66%～15.50%，浸注酚醛树脂处理材的三种力学指标依次提高了 7.60%～19.85%、6.46%～16.32%和 4.81%～14.78%。

在相同辊压浸注工艺条件下，浸注酚醛树脂致三种力学强度的变化率大于脲醛树脂；随着辊压次数的增加，三种强度的增大逐渐趋缓，甚至有减小的趋向，即辊压 5 次与 3 次相比，强度变化率的差值小于辊压 3 次与 1 次相比的变化值，如对于酚醛树脂，质量分数 40%，压缩率 10%，压缩方向为弦向的工艺条件，压缩 1 次、3 次和 5 次时，抗弯强度的变化率分别是 15.01%、17.25%和 14.75%，抗弯弹性模量的变化率依次是 9.02%、10.18%和 11.04%，冲击韧性的变化率依次是 7.27%、10.96%和 6.96%，这是由于辊压处理同时也会降低木材某些力学性能的原因，使本应更大的力学强度变异被冲抵了一部分。

同时，三种力学强度的变异与增重率存在着相关关系，即弦向压缩浸注了更多的树脂而致大青杨木材弦向的三种力学强度的变化率大于径向。

## 8.3　本章小结

(1)使用辊压法能够实现脲醛和酚醛两种浸渍树脂对大青杨板材的浸注处理，树脂的增重率随着树脂质量分数、压缩率和压缩次数的增加而增大，弦向压缩的增重率大于径向，浸注脲醛树脂的增重率为 0.85%～12.92%，浸注酚醛树脂的增重率为 2.01%～15.16%。

(2)辊压浸注脲醛和酚醛两种浸渍树脂，提高了大青杨木材的力学性能，力学强度的变化率随着树脂质量分数、压缩率和压缩次数的增加而增大，并与增重率呈相关性。

表8.4 辊压浸注浸渍树脂处理材三种力学强度的变化率

| 树脂名称 | 质量分数/% | 压缩率/% | 辊压1次 | | | | | | 辊压3次 | | | | | | 辊压5次 | | | | | |
|---|---|---|---|---|---|---|---|---|---|---|---|---|---|---|---|---|---|---|---|---|
| | | | 径向 | | | 弦向 | | | 径向 | | | 弦向 | | | 径向 | | | 弦向 | | |
| | | | 抗弯强度 | 抗弯弹性模量 | 冲击韧性 | 抗弯强度 | 抗弯弹性模量 | 冲击韧性 | 抗弯强度 | 抗弯弹性模量 | 冲击韧性 | 抗弯强度 | 抗弯弹性模量 | 冲击韧性 | 抗弯强度 | 抗弯弹性模量 | 冲击韧性 | 抗弯强度 | 抗弯弹性模量 | 冲击韧性 |
| 脲醛树脂 | 30 | 10 | 6.63 | 4.22 | 2.66 | 8.51 | 7.50 | 3.18 | 8.87 | 5.30 | 3.15 | 10.58 | 7.87 | 5.17 | 7.44 | 5.76 | 3.08 | 8.79 | 7.47 | 4.43 |
| | 30 | 30 | 6.49 | 5.61 | 3.33 | 9.67 | 7.66 | 3.71 | 7.68 | 4.20 | 5.87 | 10.63 | 9.56 | 6.84 | 5.16 | 5.89 | 4.21 | 10.56 | 8.94 | 4.89 |
| | 40 | 10 | 7.04 | 7.31 | 5.42 | 11.61 | 9.62 | 5.29 | 11.62 | 7.48 | 5.47 | 12.69 | 9.95 | 8.45 | 9.14 | 7.05 | 4.75 | 11.71 | 10.03 | 6.02 |
| | 40 | 30 | 12.92 | 7.03 | 5.85 | 14.01 | 10.84 | 7.38 | 15.84 | 8.32 | 7.77 | 16.93 | 12.22 | 8.85 | 15.01 | 9.11 | 6.17 | 15.47 | 11.10 | 8.50 |
| | 53 | 10 | 12.12 | 9.07 | 6.04 | 16.28 | 12.29 | 10.32 | 15.57 | 10.75 | 10.59 | 18.28 | 12.86 | 12.26 | 13.33 | 10.06 | 9.06 | 16.45 | 12.83 | 11.72 |
| | 53 | 30 | 15.35 | 11.03 | 8.78 | 17.20 | 14.32 | 12.02 | 15.13 | 12.87 | 11.13 | 19.08 | 14.69 | 15.50 | 16.93 | 12.48 | 10.26 | 17.06 | 15.65 | 15.02 |
| 酚醛树脂 | 30 | 10 | 10.09 | 6.46 | 6.73 | 10.24 | 8.15 | 5.45 | 9.72 | 8.21 | 5.99 | 11.16 | 7.09 | 7.20 | 7.60 | 6.84 | 5.41 | 10.44 | 8.16 | 7.61 |
| | 30 | 30 | 10.27 | 8.54 | 4.81 | 12.57 | 7.88 | 5.61 | 10.93 | 10.46 | 5.93 | 13.08 | 8.66 | 8.54 | 9.95 | 7.99 | 5.15 | 12.18 | 8.95 | 6.28 |
| | 40 | 10 | 13.07 | 7.03 | 6.11 | 15.01 | 9.02 | 7.27 | 17.51 | 8.96 | 7.71 | 17.25 | 10.18 | 10.97 | 14.62 | 9.12 | 7.47 | 14.75 | 11.04 | 6.96 |
| | 40 | 30 | 13.11 | 8.73 | 7.54 | 17.90 | 12.32 | 9.80 | 15.25 | 11.05 | 9.60 | 17.63 | 13.63 | 10.48 | 15.21 | 9.66 | 9.02 | 18.64 | 10.76 | 8.41 |
| | 55 | 10 | 16.17 | 11.99 | 10.26 | 17.54 | 14.80 | 11.62 | 16.29 | 11.16 | 9.45 | 19.27 | 15.82 | 12.54 | 15.90 | 11.39 | 9.11 | 17.70 | 14.88 | 11.98 |
| | 55 | 30 | 16.10 | 13.14 | 10.34 | 19.65 | 14.72 | 14.22 | 17.66 | 12.39 | 12.07 | 19.85 | 16.27 | 14.78 | 16.75 | 11.36 | 12.31 | 18.36 | 16.32 | 12.17 |

注：表中数据单位为 力学强度变化率/%

　　(3) 与未处理材相比，辊压浸注脲醛树脂处理材的硬度提高了 1.63%～11.32%，耐磨性提高了 3.80%～21.77%，抗弯强度提高了 5.16%～19.08%，抗弯弹性模量提高了 4.20%～15.65%，冲击韧性提高了 2.66%～15.50%；浸注酚醛树脂处理材以上五种力学指标依次提高了 4.21%～11.89%、3.11%～23.17%、7.60%～19.85%、6.46%～16.32%和 4.81%～14.78%；除耐磨性外，随着辊压压缩次数的增大，木材力学强度的增加有下降的趋势。

# 第9章 形体变化规律

本实验是在全干、气干和饱水三种状态下，对饱水大青杨板材辊压处理前后在宽度、厚度、长度和体积方面的尺寸变异进行研究，对辊压处理材材积方面的变化规律提供理论依据。

## 9.1 材料、方法和仪器设备

实验试材树种大青杨，试材尺寸 150 mm(L) × 60 mm(W) × 10 mm(T)，为标准的径切板和弦切板，试材饱水处理后，进行压缩率为 10%、20%、30%、40% 和 50%五个压缩率和两个压缩方向的辊压处理。每个压缩率下选取径、弦切板试材各 5 块，每块试材上选择厚度、宽度和长度测量点各 6 处并做出标记，以备压缩前后三种测试状态下在同一位置测量。

选定好的试材做好编号和标记后，辊压处理前顺序进行全干、气干和饱水的平衡处理及各测量点尺寸的测量，气干处理是将试材置于温度 20℃±2℃、相对湿度 65%±5%的恒温恒湿箱中，多日定时测量直至含水率稳定；辊压前饱水时的尺寸测定结束后，按照设定的压缩率对饱水试材进行辊压处理，辊压处理后的试材在常温条件下放置 30 天后顺序进行饱水、气干和全干的平衡处理并测量尺寸。

辊压机：上辊为主动辊，下辊为从动辊；压辊直径 250 mm，压辊转速 16 r/min；
SDH301 型数字显示自动控制低温湿热试验箱(重庆银河试验仪器有限公司)；
101－2A 型数字显示电热鼓风干燥箱(天津市泰斯特仪器有限公司)；
数字显示游标卡尺(哈尔滨量具刃具厂，精度 0.001 mm)；
压力-真空处理罐[250 mm(D) × 400 mm(H)]。

## 9.2 结果与讨论

### 9.2.1 厚度方向的尺寸变异

将辊压处理前的三种测试状态的试材尺寸(厚度、宽度、长度)和体积看作是

100%；辊压处理后，在全干、气干和饱水三种状态下，同一测量点辊压处理后的试材尺寸(厚度、宽度、长度)和体积与辊压前尺寸(厚度、宽度、长度)和体积比值的百分率，取其平均值，定义为尺寸(厚度、宽度、长度)百分率和体积百分率；同一测量点辊压处理后的试材尺寸和体积与辊压前的尺寸和体积的差值占处理前尺寸和体积的百分率，取其平均值，定义为尺寸(厚度、宽度、长度)和体积变化的百分率，表示试材在辊压处理后单位尺寸和体积变化的比率。

　　辊压处理前后厚度方向尺寸变化的实验结果见图 9.1～图 9.4(图中曲线含义：如"气干弦向"表示气干状态下，弦向压缩辊压处理材与辊压前相比，单位尺寸变化的百分率)。

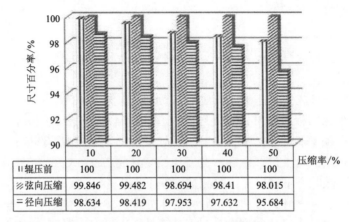

| 压缩率/% | 10 | 20 | 30 | 40 | 50 |
|---|---|---|---|---|---|
| 辊压前 | 100 | 100 | 100 | 100 | 100 |
| 弦向压缩 | 99.846 | 99.482 | 98.694 | 98.41 | 98.015 |
| 径向压缩 | 98.634 | 98.419 | 97.953 | 97.632 | 95.684 |

图 9.1　全干状态下，辊压处理前后试材厚度变化的对比图

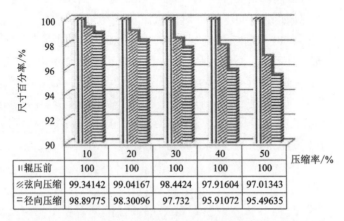

| 压缩率/% | 10 | 20 | 30 | 40 | 50 |
|---|---|---|---|---|---|
| 辊压前 | 100 | 100 | 100 | 100 | 100 |
| 弦向压缩 | 99.34142 | 99.04167 | 98.4424 | 97.91604 | 97.01343 |
| 径向压缩 | 98.89775 | 98.30096 | 97.732 | 95.91072 | 95.49635 |

图 9.2　气干状态下，辊压处理前后试材厚度变化的对比图

　　由图中看到，在三种测试状态下，辊压处理后的试材厚度都小于辊压处理前的尺寸，木材厚度方向的塑性变形存在于这五种压缩率中；厚度方向尺寸百分率

随着压缩率的增大而变小，其变动范围在 95.480%～99.846% 之间；可见，在厚度方向，塑性变形随着压缩率的增大而增大。在同一压缩率下，全干状态的厚度尺寸百分率大于气干和饱水状态，塑性变形在气干和饱水状态下的表现比全干状态明显。同一测试状态下，弦向压缩试材厚度方向的尺寸百分率大于径向压缩的试件；辊压处理后的试材单位厚度尺寸下降的百分率随着压缩率的增大而增大，其变动范围在 0.154%～4.500%之间。

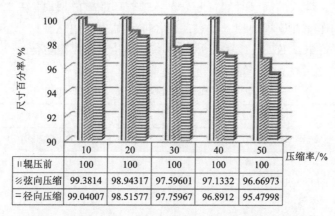

| | 10 | 20 | 30 | 40 | 50 |
|---|---|---|---|---|---|
| ‖辊压前 | 100 | 100 | 100 | 100 | 100 |
| ⫽弦向压缩 | 99.3814 | 98.94317 | 97.59601 | 97.1332 | 96.66973 |
| ☰径向压缩 | 99.04007 | 98.51577 | 97.75967 | 96.8912 | 95.47998 |

图 9.3　饱水状态下，辊压处理前后试材厚度变化的对比图

气干状态下，辊压处理材厚度方向的尺寸百分率在 95.496%～99.341%之间，尺寸变化的百分率在–0.659%～–4.504%之间，压缩率为 10%的弦向压缩的尺寸百分率最小，压缩率为 50%的径向压缩的尺寸百分率最大，而尺寸变化的百分率与之一致。

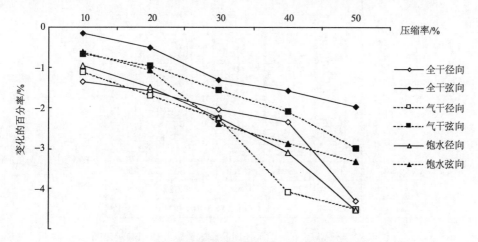

图 9.4　辊压处理试材厚度方向尺寸变化的百分率

## 9.2.2　宽度方向的尺寸变异

进行辊压处理时，由于泊松效应的作用，实验试材受压部位宽度方向的尺寸变大，离开压辊后，产生的塑性变形将残留在木材内。饱水大青杨试材某一测量点在辊压处理前的宽度、压在辊间瞬间的宽度及离开压辊后的即时宽度的比较见表 9.1。由表中可见，辊压处理木材时，受压部位当时的宽度尺寸最大，辊压后即时的宽度次之，辊压前饱水时的宽度最小；随着压缩率的增加，三者之间的差异在变大；弦向压缩在这种规律上的表现较径向压缩更为明显，这与下面分析到的在同一测试条件下，弦向压缩的尺寸百分率大于径向压缩相吻合。

表 9.1　辊压处理前后和辊压时试件宽度比较

| 压缩率 /% | 径向压缩/mm | | | 弦向压缩/mm | | |
|---|---|---|---|---|---|---|
| | 饱水 | 辊压时 | 辊压后 | 饱水 | 辊压时 | 辊压后 |
| 10 | 60.73 | 61.89 | 60.93 | 61.77 | 62.95 | 61.93 |
| 20 | 61.08 | 62.59 | 61.68 | 61.84 | 63.14 | 62.70 |
| 30 | 60.91 | 61.78 | 61.35 | 61.42 | 64.64 | 62.81 |
| 40 | 60.96 | 62.66 | 62.02 | 61.93 | 65.55 | 63.09 |
| 50 | 61.14 | 63.28 | 62.97 | 61.37 | 67.96 | 63.34 |

饱水大青杨经过辊压处理后，与处理前相比，在宽度方向的尺寸百分率见图 9.5～图 9.7；在宽度方向单位尺寸变化的百分率见图 9.8。

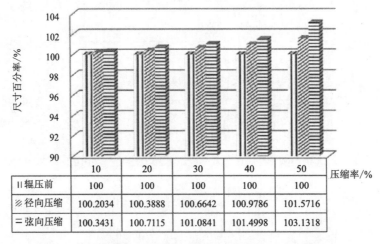

| | 10 | 20 | 30 | 40 | 50 |
|---|---|---|---|---|---|
| ‖辊压前 | 100 | 100 | 100 | 100 | 100 |
| ▨径向压缩 | 100.2034 | 100.3888 | 100.6642 | 100.9786 | 101.5716 |
| ☰弦向压缩 | 100.3431 | 100.7115 | 101.0841 | 101.4998 | 103.1318 |

图 9.5　全干状态下，辊压处理前后试材宽度变化的对比图

　　由图可见，辊压处理后的试材在宽度方向上，在各种压缩率和各种测试条件下，都大于压缩处理前的尺寸，且随着压缩率的增加，尺寸百分率变大，形成的塑性变形在加大，尺寸百分率的变动范围在 99.343%～103.740%之间；同一压缩率下，弦向压缩试材的尺寸百分率大于径向，即塑性变形在弦向压缩上的表现大于径向压缩；而在同一压缩率下的尺寸百分率与不同测试状态无明显相关；辊压处理后的试件单位宽度增加的百分率随压缩率的增大而增大，其变动范围在 –0.657%～3.740%之间。气干状态下，弦向压缩的尺寸百分率小于全干和饱水状态，而径向压缩的尺寸百分率介于二者之间。在图 7-8 中，气干状态下的曲线斜率大于其他两种状态，说明随着压缩率的增加，宽度方向单位尺寸变化的百分率气干状态高于其他两种状态。

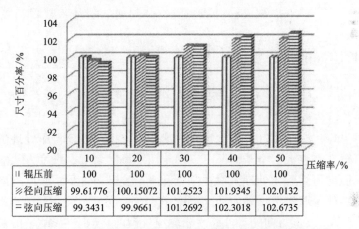

| | 10 | 20 | 30 | 40 | 50 压缩率/% |
|---|---|---|---|---|---|
| ‖ 辊压前 | 100 | 100 | 100 | 100 | 100 |
| ▨ 径向压缩 | 99.61776 | 100.15072 | 101.2523 | 101.9345 | 102.0132 |
| ≡ 弦向压缩 | 99.3431 | 99.9661 | 101.2692 | 102.3018 | 102.6735 |

图 9.6　气干条件下，辊压处理前后试材宽度变化的对比图

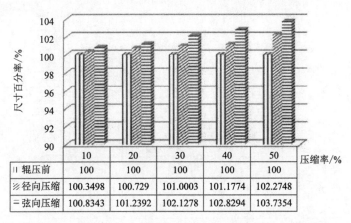

| | 10 | 20 | 30 | 40 | 50 压缩率/% |
|---|---|---|---|---|---|
| ‖ 辊压前 | 100 | 100 | 100 | 100 | 100 |
| ▨ 径向压缩 | 100.3498 | 100.729 | 101.0003 | 101.1774 | 102.2748 |
| ≡ 弦向压缩 | 100.8343 | 101.2392 | 102.1278 | 102.8294 | 103.7354 |

图 9.7　饱水状态下，辊压处理前后试材宽度变化的对比图

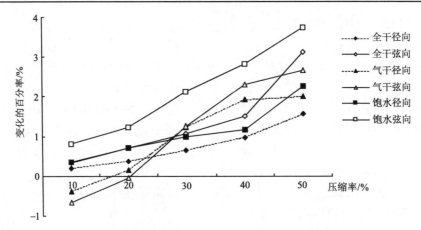

图9.8　辊压处理试材宽度方向尺寸变化的百分率

### 9.2.3　长度方向的尺寸变异

　　饱水大青杨板材辊压处理后,与辊压前相比,长度方向的尺寸百分率见图9.9～图9.11,在长度方向单位尺寸变化的百分率见图9.12。

　　由图可见,在全干、气干和饱水三种状态下,径向压缩辊压处理试材长度方向的尺寸百分率都变大;全干情况下,随着压缩率的增大,长度方向的尺寸有增大的趋势。弦向压缩辊压处理试材在全干和气干测试条件下,长度方向尺寸小于辊压处理前;气干状态下,随着压缩率的增大,长度方向尺寸有进一步减小的趋势;饱水状态下,长度方向的尺寸略大于辊压处理前(仅30%压缩率的长度百分率低于100%,为99.9816%)。

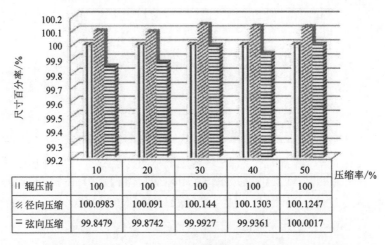

图9.9　全干状态下,辊压处理前后试材长度变化的对比图

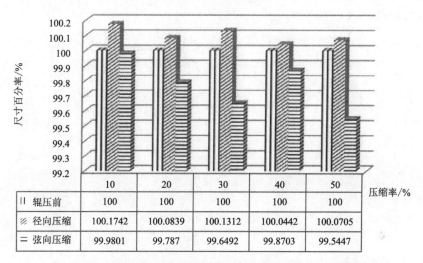

| | 10 | 20 | 30 | 40 | 50 |
|---|---|---|---|---|---|
| ‖ 辊压前 | 100 | 100 | 100 | 100 | 100 |
| ▨ 径向压缩 | 100.1742 | 100.0839 | 100.1312 | 100.0442 | 100.0705 |
| ═ 弦向压缩 | 99.9801 | 99.787 | 99.6492 | 99.8703 | 99.5447 |

图 9.10　气干状态下，辊压处理前后试材长度变化的对比图

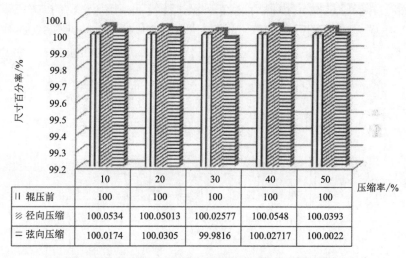

| | 10 | 20 | 30 | 40 | 50 |
|---|---|---|---|---|---|
| ‖ 辊压前 | 100 | 100 | 100 | 100 | 100 |
| ▨ 径向压缩 | 100.0534 | 100.05013 | 100.02577 | 100.0548 | 100.0393 |
| ═ 弦向压缩 | 100.0174 | 100.0305 | 99.9816 | 100.02717 | 100.0022 |

图 9.11　饱水状态下，辊压处理前后试材长度变化的对比图

由图 9.12 中看到，大青杨板材辊压处理后在三种测试环境中，弦向压缩辊压处理材与辊压前相比，长度方向的尺寸有减小的趋势，而径向压缩辊压处理材相反，有增大的倾向；各种变化中，长度方向单位尺寸变化的百分率的绝对值中最大值为 0.455%（气干弦向，而厚度和宽度方向尺寸变化的百分率多数在 1%以上），尺寸百分率的最大值为 100.170%，最小值为 99.545%，可见，与厚度和宽度方向的变化相比，长度方向的尺寸变化很小，对辊压处理材的形体变化规律影响很小。

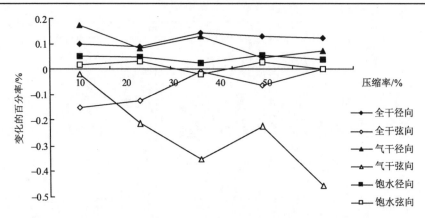

图 9.12　辊压处理试材长度方向尺寸变化的百分率

## 9.2.4　体积变异

　　饱水大青杨经过辊压处理后，在三种测试环境下，辊压试材的体积变异情况见图 9.13～图 9.15，辊压处理前后试材单位体积变化的百分率见图 9.16。

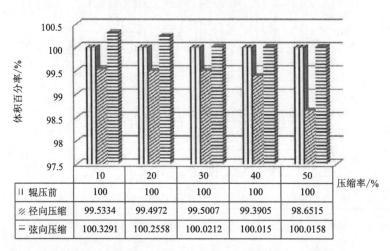

| | 10 | 20 | 30 | 40 | 50 |
|---|---|---|---|---|---|
| ‖ 辊压前 | 100 | 100 | 100 | 100 | 100 |
| ⁂ 径向压缩 | 99.5334 | 99.4972 | 99.5007 | 99.3905 | 98.6515 |
| ═ 弦向压缩 | 100.3291 | 100.2558 | 100.0212 | 100.015 | 100.0158 |

图 9.13　全干状态下，辊压处理前后试材体积变化的对比图

　　如忽略辊压处理前后试材长度方向尺寸变化的影响，试材体积变异的因素主要来源于两个方面，即辊压处理后试材厚度方向的尺寸变小和宽度方向的尺寸变大。由图可知，除弦向压缩在全干状态测试得到的压缩处理材体积增大的结果外，其余的 5 种组合条件(全干径向、气干径向、气干弦向、饱水径向和饱水弦向)下，辊压处理试材与处理前相比，体积都变小，可见，厚度方向的尺寸变化对体积变化的影响大于宽度方向的尺寸变化，体积百分率的变动范围为 96.981%～

100.329%，这个数值大于相同测试状态同一压缩率下的厚度百分率，所以，因体积变化而引起的材积损失较小；随着压缩率的增大，辊压处理试材的体积有进一步减小的趋势。

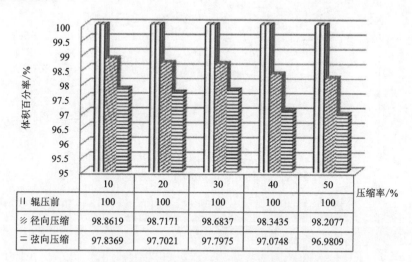

| | 10 | 20 | 30 | 40 | 50 | 压缩率/% |
|---|---|---|---|---|---|---|
| ‖ 辊压前 | 100 | 100 | 100 | 100 | 100 | |
| ▨ 径向压缩 | 98.8619 | 98.7171 | 98.6837 | 98.3435 | 98.2077 | |
| ▤ 弦向压缩 | 97.8369 | 97.7021 | 97.7975 | 97.0748 | 96.9809 | |

图 9.14　气干状态下，辊压处理前后试材体积变化的对比图

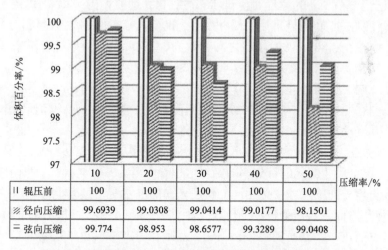

| | 10 | 20 | 30 | 40 | 50 | 压缩率/% |
|---|---|---|---|---|---|---|
| ‖ 辊压前 | 100 | 100 | 100 | 100 | 100 | |
| ▨ 径向压缩 | 99.6939 | 99.0308 | 99.0414 | 99.0177 | 98.1501 | |
| ▤ 弦向压缩 | 99.774 | 98.953 | 98.6577 | 99.3289 | 99.0408 | |

图 9.15　饱水状态下，辊压处理前后试件体积变化的对比图

在同一压缩率下，与其他两种测试环境相比，气干条件下的体积变化率最小，塑性变形最明显；随着压缩率的增大，体积百分率逐渐减小；同一压缩率下，径向压缩试材的体积百分率小于弦向压缩试材。

辊压处理后的试材单位体积减小的百分率随压缩率的增大而趋于增大，其变动范围在−3.019%～0.329%之间。

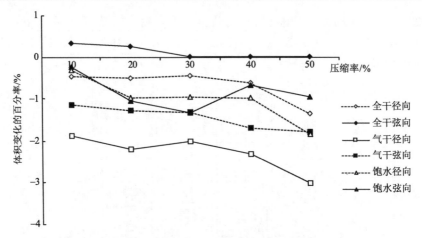

图 9.16　辊压处理试材体积变化的百分率

# 9.3　本章小结

　　在 10%～50%的压缩率下，饱水大青杨经过辊压处理后在厚度、宽度和体积方向，在全干、气干、饱水三种测试状态下，与处理前相比，尺寸都发生了变异。

　　(1)厚度方向，辊压处理后的尺寸变小，随着压缩率的提高，尺寸百分率变小，其变动范围在 95.480%～99.846%之间；单位尺寸下降的百分率随着压缩率的增大而增大，其变动范围在-0.154%～-4.500%之间。

　　宽度方向，辊压处理后的尺寸变大，随着压缩率的提高，尺寸百分率变大，其变动范围在 99.343%～103.740%之间；单位尺寸增加的百分率随压缩率的增大而增大，其变动范围在-0.657%～3.740%之间。

　　(2)长度方向，辊压处理材尺寸百分率的最大值为 100.170%，最小值为99.545%，单位尺寸变化的百分率的绝对值中最大者为 0.455%(气干弦向)；可见，与厚度和宽度方向的尺寸变化相比，长度方向的尺寸变化很微小。

　　(3)体积方面，辊压处理后的体积变小(全干弦向除外)，随着压缩率的提高，体积百分率有进一步减小的趋势，其变动范围在 96.981%～100.329%之间；单位体积减小的百分率随压缩率的增大而趋于增大，其变动范围在-3.019%～0.329%之间。

# 第10章 辊压处理在木材干燥中的应用

木材干燥是木材内水分的排出过程，排出的前提是水分的移动；根据对木材超微观构造特征和壁层结构分析，水分移动主要是通过细胞壁上纹孔内的纹孔膜实现的，水分以气态和液态相交替的方式通过纹孔膜由一个细胞到达与之相邻的细胞，最终到达木材的表面。研究认为，影响木材内水分移动和渗透性的关键是纹孔膜的结构，纹孔膜上面的微孔半径大而多，水分流动性好，木材干燥速度快；用化学、物理或生物的方法增大和增多有效微孔的半径和数量，应能提高木材的干燥速度。

从改变和改善木材内水分流动微孔的尺寸和数量着手，采取多种传统或现代方法，国内外学者做了很多研究工作。

Flynn 等[101]采用压力往复变动(振荡)的方式，将变动的压力通过水和空气传递到纹孔，冲击纹孔膜使其破坏来改变孔径的尺寸。Vinden 等[102]采用 2 种功率的微波预处理硬阔叶树木材，干燥时间缩短 50%以上；Compere[103]认为，经微波处理的桉木，不再需要 3~6 个月的气干，窑干时间可缩短 2~3 周；周永东等[104]认为，微波预处理使高含水率木材的细胞内集聚蒸汽压力，纹孔膜被破坏，形成水分容易移动的通道，干燥时间明显缩短。罗雯等以微爆破技术研究杨木，干燥速率提高了 1.93~2.25 倍；肖雪芹等对赤桉(*Eucalyptus camaldulensis* Dehnh.)板材进行爆破预处理，渗透性和干燥速度均有明显的提高，力学强度没有降低；苗平等对柞木(*Quercus mongolica* Fisch.et Turcz.)和红栎(*Quercus aliena* Bl.)板材进行了压力为 0.25 MPa、0.40 MPa 和 0.55 MPa 的蒸汽爆破预处理，干燥速度分别提高了 13.6%、27.3%和 36.4%。

有关辊压法用于木材干燥预处理的研究未见报道。本研究以改善木材渗透性、促进水分移动为目的，以改变细胞壁微观构造特征为机理，以辊压处理为方法，探讨辊压工艺条件与干燥速率及干燥时间的内在关系，为木材干燥预处理提供新的思想。

## 10.1 常规蒸汽干燥

### 10.1.1 材料与方法

#### 10.1.1.1 试验材料

试验试材：柞木(*Quercus mongolica* Fisch.et Turcz.)，长 6000 mm、小头直径

520 mm 的特级优等原木一根，采集于吉林省蛟河林业实验区管理局清荼馆林场，锯制成标准的径切板和弦切板，试材尺寸：900 mm（长）×100 mm（宽）×30 mm（厚），各 80 块；试验板材纹理通直，无节疤、腐朽，各板材间材性相近。

### 10.1.1.2　试验设备

辊压机：上下压辊皆为主动辊，辊长 350 mm，压辊直径 500 mm，转动速度 30 r/min。

木材干燥机：顶风型常规蒸汽干燥机；根据设定的干燥基准，可自动控制干燥机内的温度和湿度，内腔尺寸：1500 mm（长）×1100 mm（宽）×700 mm（高），可装材堆尺寸：1200 mm×1000 mm×650 mm；温度调节范围：45～140℃，湿度调节范围：20%～90%。

电子秤：量程 30 kg，精度 50 g。

环境扫描电子显微镜：Fei Quanta 200，放大倍数 100～10000。

### 10.1.1.3　研究方法

(1)辊压预处理工艺及木材干燥基准

辊压预处理工艺包括压缩率、压缩次数和压缩方向 3 个参数；压缩率设定为 10%、20% 和 30%，每一种压缩率下的压缩次数分别为 1 次、4 次和 9 次，多于 1 次的压缩，上一次辊压完成后立即进行下一次，压缩方向依据木材年轮和施力方向的位置关系分为径向和弦向，对径切板施行弦向压缩，对弦切板施行径向压缩。

据此，本研究共采用 18 种辊压预处理工艺，每一种工艺准备 8 块试材，将素材(未经过辊压预处理的试材)计算在内，则需径、弦切板试材各 80 块；试验板材辊压预处理后立即进行常规蒸汽干燥和测试，初含水率 47%～55%。

堆垛方式：试材长度与干燥机内腔宽度方向平行；每一层 12 块试材，共 14 层，检验板为素材，径切板和弦切板各两块，并位于第 7 层，隔条厚度 15 mm。

本研究中执行的木材干燥基准，见表 10.1。

**表 10.1　干燥基准**

| 干燥阶段 | 含水率/% | 温度/℃ | 干湿球温差 Δt/℃ |
|---|---|---|---|
| 1 | 40 以上 | 50 | 3 |
| 2 | 40～30 | 55 | 4 |
| 3 | 30～25 | 60 | 5 |
| 4 | 25～20 | 60 | 9 |
| 5 | 20～15 | 65 | 14 |

续表

| 干燥阶段 | 含水率/% | 温度/℃ | 干湿球温差 Δ$t$/℃ |
|---|---|---|---|
| 6 | 15 以下 | 70 | 20 |

预热处理：实施于木材干燥开始前，技术要求：$t$ = 65℃，Δ$t$ = 0~1℃，时间为 6 h；中间处理 1：在第 2 阶段中期实施，即木材含水率为 35% 时，技术要求：$t$ = 75℃，Δ$t$ = 0~1℃，时间为 6 h；中间处理 2：在第 3 阶段后期实施，即木材含水率为 25% 时，技术要求：$t$ = 75℃，Δ$t$ = 2~3℃，时间为 8 h；终了处理：在第 6 阶段后期实施，即木材含水率小于 15% 时，技术要求：$t$ = 80℃，Δ$t$ = 7~8℃，时间为 8 h。

(2) 干燥速率的计算方法

干燥速率表示木材干燥过程中单位时间(本研究以小时计)降低的含水率值。在执行干燥基准运行的 6 个干燥阶段的每一个阶段范围内，选取 2 个测试点，两点的选择以应尽量分别接近该阶段的开始点和结束点为原则，测试点以试材干燥运行的时间(h)为标记，依顺序记为 A 点和 B 点，见表 10.2，测量这 2 个点当时试材的质量；干燥结束后，将试材置于电热干燥箱内，进行绝干处理并测量绝干质量，通过计算，可以得出所有试材在每个干燥阶段 2 个测试点当时的木材含水率。

表 10.2 每个干燥阶段两个测试点间的干燥运行时间

| 干燥阶段 | A 点 | B 点 | 运行时间 Δ$T$/h |
|---|---|---|---|
| 1 | 0 | 46 | 46 |
| 2 | 96 | 102 | 6 |
| 3 | 108 | 129 | 21 |
| 4 | 165 | 201 | 36 |
| 5 | 201 | 223 | 22 |
| 6 | 223 | 252 | 29 |

干燥速率的计算见式(10.1)：

$$V = \frac{M_A - M_B}{\Delta T} \tag{10.1}$$

式中，$V$——某干燥阶段的干燥速率，%/h；

$M_A$——某干燥阶段 A 点的含水率，%；

$M_B$——同一干燥阶段 B 点的含水率，%；

$\Delta T$——同一干燥阶段 A 点至 B 点的运行时间，h。

整个干燥过程干燥速率的计算，是以整个干燥过程耗时 265.5 h 为运行时间，测量试材干燥开始和干燥终了的质量，计算出试材的干燥初期含水率和干燥终了含水率，二者的差值除以干燥时间，即是每一块试材整个干燥过程的干燥速率，取相同辊压预处理工艺所有试材干燥速率的平均值，即作为每一种辊压预处理工艺柞木试材的干燥速率。

(3)构造特征变异的研究方法

取辊压预处理各工艺试材和素材分别制样，于环境扫描电子显微镜下观察，以研究导管分子细胞壁构造特征的变异为主；依据辊压压缩的方向性和可能出现构造变异的部位，对径向压缩试材(弦切板)，观察导管分子的径面壁，对弦向压缩试材(径切板)，观察导管分子的弦面壁。

## 10.1.2　结果与分析

### 10.1.2.1　构造特征变化

本研究设定的 18 种辊压预处理工艺中，采用 30%压缩率径向压缩 4 次和 9 次 2 种工艺的试材，在板材的宽面出现少量可见细微裂隙，其他工艺试材未见明显宏观破坏。

柞木木材的主要组成分子各具不同的作用和功能，水分疏导功能是由体积约占 20%的导管分子承担的，导管分子细胞壁上的纹孔是水分移动的主要通道，在木材干燥中，水分通过导管分子胞壁上纹孔内的纹孔膜由深层细胞向表层细胞迁移，最终到达木材表面，可见，纹孔膜的构造将对水分的渗透和疏导起到重要作用。

图 10.1 是未经过辊压预处理试材导管分子的细胞壁，内腔表面平整，纹孔和纹孔膜构造没有异常变化。柞木试材经过辊压预处理后，导管分子胞壁上纹孔和纹孔膜构造的变异情况见图 10.2～图 10.7。图 10.2 是 10%压缩率弦向压缩 1 次导管分子的弦面壁，箭头指向，一处为辊压压缩后留下的褶皱痕迹，痕迹沿细胞长轴方向延伸并跨越几个纹孔，另一处为因辊压压力作用致纹孔膜边缘处出现细微的裂隙，存在这种特征变异的纹孔数量不多。

图 10.3 显示的是 20%压缩率弦向压缩 9 次时导管分子的弦面壁；图中一个箭头指向折痕处，另一个指向一纹孔，与图 10.2 对比，随着压缩率和压缩次数的增加，因压缩形成的折痕轮廓更明显，深度增大，并呈隆起状，同时，出现纹孔膜破裂特征的纹孔数量增加，裂隙的长度和宽度增大。图 10.4 是 30%压缩率弦向压缩 4 次导管分子的弦面壁；图中可见，折痕隆起高度增加的同时，又出现不能回复到辊压以前特征状态的折痕重叠，同时，箭头指向可见明显的平行于折痕方向的导管壁撕裂特征。

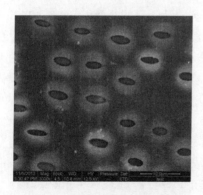

图 10.1　未经过辊压预处理柞木试材
　　　　导管分子的细胞壁

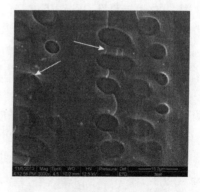

图 10.2　10%压缩率弦向压缩 1 次
　　　　导管分子的弦面壁

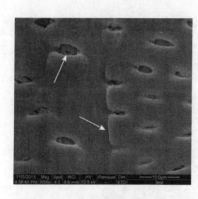

图 10.3　20%压缩率弦向压缩 9 次
　　　　导管分子的弦面壁

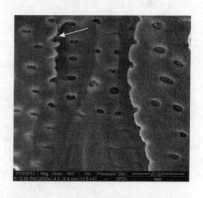

图 10.4　30%压缩率弦向压缩 4 次
　　　　导管分子的弦面壁

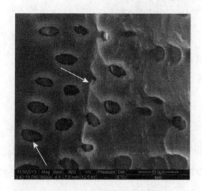

图 10.5　10%压缩率径向压缩 4 次
　　　　导管分子的径面壁

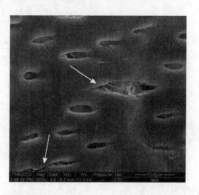

图 10.6　20%压缩率径向压缩 4 次
　　　　导管分子的径面壁

　　图10.5显示的是10%压缩率径向压缩4次导管分子的径面壁；与图10.2相似，图中出现明显的折痕特征和数量不多的纹孔膜破裂的现象，如箭头所指，裂纹恰位于纹孔膜中心。图10.6是20%压缩率径向压缩4次导管分子的径面壁；与图10.5相比，出现纹孔膜破坏的纹孔数量在增加，有的纹孔出现了贯通整个纹孔膜的破裂，并向纹孔两侧的细胞壁发展（图中间箭头指向），有的两个相邻纹孔破裂的纹孔膜裂隙接在一起（图中左下箭头指向）。

　　图10.7显示的是30%压缩率径向压缩1次导管分子的径面壁；由于压缩率较高，导管分子一侧胞壁瞬间压向对面，折痕处应力集中，细胞壁自身强度不能抵御外力的作用，出现明显的破裂特征。

　　通过对以上图10.2～图10.7的观察和分析，认为，辊压预处理能引起导管分子胞壁特征的变异，并随着压缩率的增大、压缩次数的增加，纹孔膜破裂的数量和程度、细胞壁破坏的规模和尺寸在增加。

　　辊压预处理会导致柞木试材导管分子纹孔膜的破裂和细胞壁的破坏，新形成的微观裂隙成为水分移动的新路径，水分的流动性和渗透性得到改善，木材干燥过程中，水分由木材深层向表层移动的速度加快，缩短干燥时间。

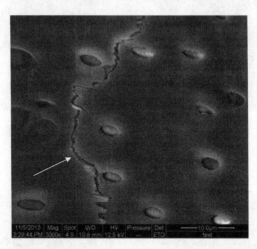

图 10.7　30%压缩率径向压缩1次导管分子的径面壁

## 10.1.2.2　不同压缩率的干燥速率

　　对于辊压预处理工艺条件（压缩率、压缩次数、压缩方向）完全相同的多块试材，经过计算可得到不同干燥阶段各自的干燥速率，取其平均值，即代表辊压预处理柞木试材在1至6个干燥阶段的干燥速率进行研究和分析。

　　（1）10%压缩率的干燥速率

　　柞木板材在压缩率为10%条件下，经过2种压缩方向（径向和弦向）、3种压缩次数(1 次、4 次和 9 次)的辊压预处理,在木材干燥各阶段的干燥速率见表 10.3。通过对表 10.3 中数据的观察和分析,可以发现,经过弦向或径向辊压预处理柞木板材各干燥阶段的干燥速率明显快于未经过辊压预处理的板材。在干燥阶段 1,弦向辊压 1 次板材的干燥速率比对照样快 0.038 %/h,%/h 即从干燥开始至干燥 46 h,10%压缩率下弦向辊压 1 次柞木板材的含水率比对照样要多下降 0.038%/h×46 h = 1.748%;径向辊压 1 次板材的干燥速率比对照样快 0.084%/h,干燥基准运行 46 h 后,10%压缩率下径向辊压 1 次柞木板材的含水率比对照样要多下降 0.084%/h× 46 h = 3.84%。

表 10.3　10%压缩率下各干燥阶段的干燥速率　　　　(单位: %/h)

| 压缩方向 | 压缩次数 | 干燥阶段 | | | | | |
|---|---|---|---|---|---|---|---|
| | | 1 | 2 | 3 | 4 | 5 | 6 |
| 弦向 | 1 | 0.292 | 0.065 | 0.257 | 0.164 | 0.202 | 0.135 |
| | 4 | 0.314 | 0.071 | 0.259 | 0.178 | 0.216 | 0.138 |
| | 9 | 0.358 | 0.089 | 0.269 | 0.197 | 0.229 | 0.152 |
| | 0 | 0.254 | 0.061 | 0.218 | 0.148 | 0.194 | 0.122 |
| 径向 | 1 | 0.342 | 0.071 | 0.269 | 0.168 | 0.214 | 0.133 |
| | 4 | 0.372 | 0.087 | 0.291 | 0.178 | 0.228 | 0.140 |
| | 9 | 0.405 | 0.094 | 0.332 | 0.201 | 0.242 | 0.145 |
| | 0 | 0.258 | 0.064 | 0.241 | 0.149 | 0.209 | 0.125 |

注: 表中压缩次数为 0 的是未经过辊压预处理的试材,即对照样,弦向对应的是径切板,径向对应的是弦切板,下同。

同时,在 10%压缩率下,相同压缩方向的板材各干燥阶段的干燥速率随着压缩次数的增加而增大。在干燥阶段 4,弦向辊压 4 次的要比同向辊压 1 次的含水率下降速度快 0.014%/h,径向辊压 4 次的要比同向辊压 1 次的快 0.01%/h;在干燥阶段 5,弦向辊压 9 次的要比同向辊压 1 次的干燥速率快 0.027%/h,径向辊压 9 次的要比同向辊压 1 次的快 0.028%/h。

在 10%压缩率和辊压次数相同的条件下,径向压缩的弦切板材的干燥速率要比弦向压缩的径切板材略快,其对应的对照样也具有相同的特点。在干燥阶段 3,弦切板对照样的干燥速率比径切板对照样快 0.023%/h;在干燥阶段 1,径向辊压 1 次的干燥速率要比弦向辊压 1 次的快 0.050%/h;在干燥阶段 5,径向辊压 4 次的干燥速率要比弦向辊压 4 次的快 0.012%/h;在干燥阶段 3,径向辊压 9 次的干燥速率要比弦向辊压 9 次的快 0.063%/h。

(2) 20%压缩率的干燥速率

柞木板材在 20%压缩率下,经过 2 种压缩方向和 3 种压缩次数的辊压预处理,在木材干燥各阶段的干燥速率见表 10.4。

**表 10.4　20%压缩率下各干燥阶段的干燥速率**　　　　　　(单位：%/h)

| 压缩方向 | 压缩次数 | 干燥阶段 | | | | | |
|---|---|---|---|---|---|---|---|
| | | 1 | 2 | 3 | 4 | 5 | 6 |
| 弦向 | 1 | 0.318 | 0.076 | 0.267 | 0.174 | 0.211 | 0.137 |
| | 4 | 0.334 | 0.086 | 0.276 | 0.191 | 0.227 | 0.144 |
| | 9 | 0.361 | 0.099 | 0.286 | 0.215 | 0.246 | 0.158 |
| | 0 | 0.254 | 0.061 | 0.218 | 0.148 | 0.194 | 0.122 |
| 径向 | 1 | 0.345 | 0.089 | 0.292 | 0.197 | 0.240 | 0.134 |
| | 4 | 0.404 | 0.107 | 0.303 | 0.203 | 0.246 | 0.143 |
| | 9 | 0.427 | 0.111 | 0.330 | 0.215 | 0.253 | 0.152 |
| | 0 | 0.258 | 0.064 | 0.241 | 0.149 | 0.209 | 0.125 |

由表 10.4 可知,经过弦向或径向辊压预处理的柞木板材各干燥阶段的干燥速率明显快于未经过辊压预处理的对照样试材。在干燥阶段 3,弦向辊压 1 次的板材干燥速率比对照样快 0.049%/h,径向辊压 1 次的板材干燥速率比对照样快 0.051%/h;干燥阶段 2,弦向辊压 4 次的板材干燥速率比对照样快 0.025%/h,径向辊压 4 次的板材干燥速率比对照样快 0.043%/h。

在 20%压缩率下,相同压缩方向的柞木板材各干燥阶段的干燥速率随着压缩次数的增加而增大。在干燥阶段 1,弦向辊压 4 次的要比同向辊压 1 次的干燥速率快 0.016%/h,径向辊压 4 次的要比同向辊压 1 次的快 0.059%/h;在干燥阶段 3,弦向辊压 9 次的要比同向辊压 4 次的干燥速率快 0.01%/h,径向辊压 9 次的要比同向辊压 4 次的快 0.027%/h。

在 20%压缩率和辊压次数相同的条件下,径向压缩的弦切板材干燥速率比弦向压缩的径切板材快。在干燥阶段 1,径向辊压 1 次的干燥速率比弦向辊压 1 次的快 0.027%/h;在干燥阶段 3,径向辊压 4 次的干燥速率比弦向辊压 4 次的快 0.027%/h;在干燥阶段 5,径向辊压 9 次的干燥速率要比弦向辊压 9 次的快 0.007%/h。

(3) 30%压缩率的干燥速率

在 30%压缩率下,柞木板材经过 2 种压缩方向和 3 种压缩次数的辊压预处理,在木材干燥各阶段的干燥速率见表 10.5。

**表 10.5　30%压缩率下各干燥阶段的干燥速率**　　　　　（单位：%/h）

| 压缩方向 | 压缩次数 | 干燥阶段 | | | | | |
|---|---|---|---|---|---|---|---|
| | | 1 | 2 | 3 | 4 | 5 | 6 |
| 弦向 | 1 | 0.341 | 0.077 | 0.297 | 0.177 | 0.213 | 0.138 |
| | 4 | 0.352 | 0.088 | 0.300 | 0.200 | 0.232 | 0.155 |
| | 9 | 0.395 | 0.105 | 0.312 | 0.221 | 0.250 | 0.225 |
| | 0 | 0.254 | 0.061 | 0.218 | 0.148 | 0.194 | 0.122 |
| 径向 | 1 | 0.372 | 0.091 | 0.299 | 0.200 | 0.242 | 0.142 |
| | 0 | 0.258 | 0.064 | 0.241 | 0.149 | 0.209 | 0.125 |

注：柞木板材在30%压缩率下径向辊压4次和9次后，板面出现可见细微裂隙，相关数据未采集。

由表 10.5 可见，经过弦向或径向辊压预处理的柞木板材的干燥各阶段的干燥速率明显快于未经过辊压预处理的对照样试材。在干燥阶段 1，弦向辊压 1 次板材的干燥速率比对照样快 0.087%/h，径向辊压 1 次板材的干燥速率比对照样快 0.114%/h；在干燥阶段 3，弦向辊压 1 次径切板材的干燥速率要比对照样快 0.079%/h，径向辊压 1 次弦切板材的干燥速率比对照样快 0.058%/h。

在 30%压缩率下，弦向压缩的径切板材各干燥阶段的干燥速率随着压缩次数的增加而增大。在干燥阶段 1，弦向辊压 4 次的比辊压 1 次的干燥速率快 0.011%/h；在干燥阶段 2，弦向辊压 9 次的比辊压 4 次的快 0.017%/h；在干燥阶段 6，弦向辊压 9 次的比辊压 1 次的快 0.087%/h。

在 30%压缩率和辊压 1 次的条件下，径向压缩的弦切板材干燥速率比弦向压缩的径切板材快。在干燥阶段 4，径向辊压 1 次的干燥速率比弦向辊压 1 次的快 0.023%/h。

### 10.1.2.3　压缩次数相同的干燥速率

通过对表 10.3、表 10.4 和表 10.5 的对比分析，可以发现，在压缩方向和压缩次数相同条件下，辊压预处理柞木板材各干燥阶段的干燥速率均随着压缩率的增加而加快。在干燥阶段 1，弦向辊压 1 次的柞木板材，30%压缩率的比 20%压缩率的快 0.023%/h，20%压缩率的比 10%压缩率的快 0.026%/h；径向辊压 1 次的柞木板材，30%压缩率的比 20%压缩率的快 0.027%/h，20%压缩率的比 10%压缩率的快 0.003%/h。在干燥阶段 3，弦向辊压 4 次的柞木板材，20%压缩率的比 10%压缩率的快 0.017%/h；径向辊压 4 次柞木板材，20%压缩率的比 10%压缩率的快 0.012%/h。在干燥阶段 5，弦向辊压 9 次柞木板材，20%压缩率的比 10%压缩率的快 0.017%/h；径向辊压 9 次数的柞木板材，20%压缩率的比 10%压缩率的快 0.011%/h。

#### 10.1.2.4　干燥全程的干燥速率

在研究不同干燥阶段辊压预处理工艺对柞木试材干燥速率影响的基础上，来讨论和分析在干燥全程不同辊压预处理工艺和试材干燥速率的关系，数据见表10.6。

由表10.6可知，在干燥全过程中，经过16种工艺辊压预处理试材的干燥速率均大于未经过辊压预处理的试材(对照样)。以20%的压缩率弦向压缩4次试材的干燥速率，比对照样快0.027%/h；以20%的压缩率径向压缩9次试材的干燥速率，比对照样快0.022%/h。在其他预处理工艺相同条件下，辊压次数对干燥速率的影响逐渐减弱，在30%压缩率弦向压缩情况下，压缩4次的干燥速率比1次大0.009%/h，而压缩9次的比4次大0.003%/h，这种情形在20%压缩率径向压缩中也有同样的反映。

如所有试材干燥开始含水率均设为50%、干燥全过程干燥速率采用表10.6中数据、干燥基准运行时间为265.5 h计算，至干燥结束时，各种辊压预处理工艺对应的试材终含水率见表10.6。表中显示，经过辊压预处理后，试材的终含水率均小于对照样；16种工艺中，10%压缩率弦向压缩1次的终含水率最大，比对照样低2.389%，压缩率20%径向压缩9次的终含水率最小，比对照样低5.841%。与对照样相比，终含水率减少最少的是压缩率10%径向压缩1次的试材，比对照样低1.859%；终含水率减少最多的是压缩率30%弦向压缩9次的试材，比对照样低10.354%。

如所有试材干燥开始含水率均设为50%、干燥全过程干燥速率采用表10.6中数据、干燥终含水率以15%计算，至干燥结束时，各种辊压预处理工艺对应试材的干燥时间见表10.6。表中可见，辊压预处理后，与对照样比较，全程干燥时间均有所缩短。16种辊压预处理工艺中，干燥时间最长的是10%压缩率弦向压缩1次的试材，比对照样短18.52 h，干燥时间缩短了6.67%；干燥时间最短的是20%压缩率径向压缩9次的试材，比对照样短31.0 h，干燥时间缩短了13.02%。16种辊压预处理工艺中，干燥时间减少最少的是10%压缩率径向压缩1次的试材，减少了10.83 h，干燥时间缩短了4.55%；干燥时间减少最多的是30%压缩率弦向压缩9次的试材，减少了65.66 h，干燥时间缩短了23.64%。

此外，由表10.3和表10.6可见，对于未经过辊压预处理的柞木试材(对照样)，干燥各阶段和干燥全程，弦切板的干燥速率均大于径切板，干燥阶段1至6，分别高1.57%，4.92%，10.55%，0.68%，7.73%和2.46%，对于全程干燥，高16.67%，干燥时间缩短14.28%；柞木木材的木射线非常发达，是水分移动的又一主要通道，弦切板和径切板的木射线分别垂直木板的宽面和窄面，内部水分沿木射线移动到板面，弦切板的路径更近，含水量下降的更快，干燥时间更短；这一点与此前的研究成果是一致的。

表 10.6　干燥全程干燥速率、终含水率和干燥时间

| 压缩方向 | 压缩次数 | 压缩率/% | | | | | | | | | | | |
|---|---|---|---|---|---|---|---|---|---|---|---|---|---|
| | | 10 | | | 20 | | | 30 | | | 0 | | |
| | | 干燥速率 /(%/h) | 终含水率 /% | 干燥时间 /h | 干燥速率 /(%/h) | 终含水率 /% | 干燥时间 /h | 干燥速率 /(%/h) | 终含水率 /% | 干燥时间 /h | 干燥速率 /(%/h) | 终含水率 /% | 干燥时间 /h |
| 弦向 | 1 | 0.135 | 14.158 | 259.26 | 0.144 | 11.768 | 243.06 | 0.153 | 9.379 | 228.76 | | | |
| | 4 | 0.146 | 11.237 | 239.73 | 0.153 | 9.379 | 228.76 | 0.162 | 6.989 | 216.05 | 0.126 | 16.547 | 277.78 |
| | 9 | 0.151 | 9.910 | 231.79 | 0.157 | 8.317 | 222.93 | 0.165 | 6.193 | 212.12 | | | |
| 径向 | 1 | 0.154 | 9.113 | 227.27 | 0.156 | 8.582 | 224.36 | 0.160 | 7.520 | 218.75 | | | |
| | 4 | 0.159 | 7.786 | 220.13 | 0.165 | 6.193 | 212.12 | — | — | — | 0.147 | 10.972 | 238.10 |
| | 9 | 0.164 | 6.458 | 213.41 | 0.169 | 5.131 | 207.10 | — | — | — | | | |

注：表中压缩率为 0% 的是未经过辊压预处理的试材，即对照样，弦向对应的是弦切板，径向对应的是径切板。

### 10.1.3　结论与讨论

　　(1)含水率47%～55%情况下,对30 mm厚柞木板材实施压缩率为10%～30%的辊压预处理,环境扫描电镜观察表明,辊压处理能够改变导管分子细胞壁微观结构特征,外力作用致纹孔膜破裂和细胞壁出现裂隙;随着压缩率增大、压缩次数增加,纹孔膜破裂的数量和程度、细胞壁破坏的规模和尺寸在增加。

　　(2)对经过多种工艺辊压预处理的柞木试材进行常规蒸汽干燥,在6个干燥阶段,辊压预处理试材的干燥速率均大于未处理材。在压缩率和压缩方向相同时,干燥速率随压缩次数的增加而增大;压缩率和压缩次数相同时,径向压缩的弦切板材干燥速率略快于弦向压缩的径切板材,其对应的对照样也具有相同的特点;压缩方向和压缩次数相同时,干燥速率随着压缩率的增加而加快。

　　(3)辊压预处理柞木试材常规蒸汽干燥全程的干燥速率呈现出与各干燥阶段相同的特点(2种工艺除外);以试材初含水率50%、终含水率15%计算,辊压预处理试材的全程干燥时间均少于未处理材,径切板干燥时间缩短了 6.67%～23.64%,弦切板干燥时间缩短了4.55%～13.02%。

　　(4)研究证明,辊压预处理可在柞木试材内部形成微观的水分移动新路径,改善了水分的渗透性和流动性,缩短了木材干燥时间。

## 10.2　高频真空干燥

### 10.2.1　材料与方法

#### 10.2.1.1　试验材料

　　试材尺寸:500 mm(长) × 100 mm(宽) × 30 mm(厚),其他同10.1.1.1。

#### 10.2.1.2　试验设备

　　辊压机:上下压辊皆为主动辊,辊长350 mm,压辊直径500 mm,转动速度30 r/min。

　　高频真空木材干燥机:石家庄灿高高频机械有限公司,型号:CGGZ-3F,箱内尺寸:150 cm(H) × 150 cm(W) × 360 cm(L),有效材堆尺寸:100 cm(H) × 110 cm(W) × 300 cm(L),高频机功率:20 kW,高频机频率:6～13.56 MHz,真空度:–0.07～0.09 MPa。

　　恒温恒湿箱,德国 MMM 公司,型号:Climacell 404。

　　电子式木材万能力学试验机,济南试金集团有限公司,型号:WDW-100E。

电热恒温鼓风干燥箱，上海一恒科技有限公司，型号：DHG-9075A。

电子秤：量程 30 kg，精度 50 g。

### 10.2.1.3　研究方法

（1）辊压预处理工艺及木材高频真空干燥基准

辊压预处理工艺包括压缩率、压缩次数和压缩方向三个参数；压缩率设定为10%、20%和30%，每一种压缩率下的压缩次数分别为 1 次、4 次和 9 次，多于 1 次的压缩，上一次辊压完成后立即进行下一次，压缩方向依据木材年轮和施力方向的位置关系分为径向和弦向，对径切板施行弦向压缩，对弦切板施行径向压缩。

据此，本研究共采用 18 种辊压预处理工艺，每一种工艺准备 8 块试材，将对照样（未经过辊压预处理的试材）计算在内，则需径、弦切板试材各 80 块；试验板材辊压预处理后立即进行高频真空干燥和测试，试材的初含水率47%～55%。

堆垛方式：试材长度方向与干燥机内腔长度方向平行；每一层 20 块试材，其中长度方向 4 块试材，宽度方向 5 块试材，共 8 层；正极板位于第 4 层和第 5 层之间，两块负极板分别置于材堆的顶部和底部。

本研究中执行的木材干燥基准，真空度：–0.05 MPa，高频机频率：12 MHz。

将含水率测定及显示装置与对照样试材相连，当高频真空干燥运行 120 h、对照样含水率降至 15%时，干燥结束。

（2）干燥速率的计算方法

干燥速率表示木材干燥过程中单位时间（本研究以小时计）降低的含水率值。分别测量每一块试材干燥开始、结束和全干时的质量（常温），计算出试材的干燥初期含水率和终了含水率，二者的差值除以干燥时间（120 h），即是每一块试材在高频真空干燥过程的干燥速率，取相同辊压预处理工艺所有试材干燥速率的平均值，作为每一种辊压预处理工艺柞木试材的干燥速率。

（3）辊压预处理木材物理力学性质的测试和研究

将经过高频真空干燥后的辊压预处理材和对照样按照国家有关木材物理力学性质测试要求制作试样，经过含水率平衡处理后，进行测试和分析。对于抗弯强度、抗弯弹性模量和抗劈力三个力学指标，测试的是辊压压缩方向的强度，对于顺纹抗剪强度，试件的破坏面与压缩方向垂直。

## 10.2.2　结果与分析

### 10.2.2.1　辊压预处理对干燥速率的影响

将辊压预处理试材和对照样高频真空干燥的干燥速率差值占对照样的百分比

定义为干燥速率的变化率,用以表征不同的辊压预处理工艺干燥速率变化的程度。18 种辊压预处理试材和对照样的干燥速率及干燥速率的变化率见表 10.7。

表 10.7　辊压预处理试材高频真空干燥的干燥速率和变化率

| 辊压预处理工艺 | | | 干燥速率/(%/h) | 变化率/% |
|---|---|---|---|---|
| 压缩方向 | 压缩率/% | 压缩次数 | | |
| | 0 | 0 | 0.2942 | 0 |
| | | 1 | 0.3171 | 7.78 |
| | 10 | 4 | 0.3369 | 14.51 |
| | | 9 | 0.3477 | 18.18 |
| 径向压缩 | | 1 | 0.3296 | 12.03 |
| (弦切板) | 20 | 4 | 0.3509 | 19.27 |
| | | 9 | 0.3613 | 22.81 |
| | | 1 | 0.3505 | 19.14 |
| | 30 | 4 | 0.3798 | 29.10 |
| | | 9 | 0.3821 | 29.88 |
| | 0 | 0 | 0.3117 | 0 |
| | | 1 | 0.3415 | 9.56 |
| | 10 | 4 | 0.3661 | 17.45 |
| | | 9 | 0.3728 | 19.60 |
| 弦向压缩 | | 1 | 0.3587 | 15.08 |
| (径切板) | 20 | 4 | 0.3801 | 21.94 |
| | | 9 | 0.3843 | 23.29 |
| | | 1 | 0.3704 | 18.83 |
| | 30 | 4 | 0.3922 | 25.83 |
| | | 9 | 0.3995 | 28.17 |

注:压缩率和压缩次数为 0 的未经过辊压预处理的试材(对照样)。

表 10.7 可见,柞木径切板和弦切板试材经过辊压预处理后,在高频真空干燥时的干燥速率均大于未处理材(对照样)。在相同压缩方向和压缩率下,干燥速率随压缩次数的增加而增大,在弦向压缩和压缩率 20%条件下,压缩 1 次、4 次和 9 次的干燥速率分别为 0.3587%/h、0.3801%/h 和 0.3843%/h,与对照样相比,干燥速率分别提高了 15.08%、21.94%和 23.29%;同时,干燥速率的增大随着压缩次数的增加而逐渐收窄,在径向压缩和 10%压缩率时,压缩 4 次的干燥速率与 1 次相比,提高了 6.73%,而压缩 9 次的干燥速率与 4 次相比,仅提高了 3.67%。

当压缩方向和压缩次数相同时,干燥速率随压缩率的增加而增大;在径向压缩和压缩 4 次条件下,压缩率 10%、20%和 30%对应的干燥速率分别为 0.3369%/h、

0.3509%/h 和 0.3798%/h，与对照样相比，干燥速率分别提高了 14.51%、19.27% 和 29.10%。

当压缩率和压缩次数相同时，弦向压缩（径切板）试材的干燥速率大于径向压缩（弦切板），如当压缩率 30% 和压缩 4 次时，弦向压缩的干燥速率为 0.3922%/h，而径向压缩为 0.3798%/h；对照样也表现出相同的特征，弦切板对照样的干燥速率为 0.2942%/h，而径切板为 0.3117%/h。

栎木的木射线非常丰富发达，是导管分子以外，水分移动的重要路径；对于弦切板和径切板，木射线分别垂直和平行于木板的宽面，水分由木板的中心位置沿着木射线到达板面，在径切板内要运行更远的距离，所以，在常规蒸汽干燥中，弦切板的干燥速率大于径切板[1]。在高频干燥中，木板内的水分在电场的作用下，都是向板材的宽面移动，当木板被加热后，径切板内水分除了因高频干燥效应形成的向宽面移动以外，还可以沿着木射线的方向向窄边移动，所以，高频干燥中，栎木径切板的干燥速率大于弦切板。

根据本研究中得到的干燥速率，可以计算出不同辊压预处理工艺试材和对照样的高频真空干燥运行时间。以栎木试材含水率由 50% 干燥至 10% 为例，弦切板对照样需要 135.96 h，对于径向压缩（弦切板）、压缩率 10% 和压缩 1 次的辊压预处理材，需要 126.14 h，干燥时间缩短 9.82 h，缩短了 7.22%；而对于径切板对照样，干燥时间为 128.33 h，弦向压缩（径切板）、压缩率 30% 和压缩 9 次的辊压预处理材，需要 100.13 h，干燥时间缩短 28.2 h，缩短了 21.97%。

### 10.2.2.2　辊压预处理对密度和干缩率的影响

对辊压预处理的栎木试材和对照样进行了三种密度的测量、计算和分析，将处理试材的密度与对应的对照样密度的差值占对照样密度的百分比，定义为密度的变化率，用于表征辊压预处理对密度变化的影响。各种工艺辊压预处理栎木试材的全干、气干和基本密度值及变化率见表 10.8。

表 10.8 可见，栎木试材经过辊压预处理后，全干、气干和基本三种密度值均大于相应对照样密度；在压缩方向和压缩率相同时，密度的变化率随压缩次数的增加有增大的趋势；在压缩方向和压缩次数相同时，密度的变化率随压缩率的增加有增大的趋势；密度的变化率在 0.88%～6.58% 之间，变异量不大。

三种密度中，气干密度的变化最大，而基本密度变化最小。同时，密度变异与压缩方向相关，弦向压缩（径切板）的密度变化略大于径向压缩（弦切板）。

与对照样相比，辊压预处理试材弦向、径向和体积干缩率的变化值占对照样的百分比，定义为干缩率的变化率，用于表示干缩率发生变化的水平，各种工艺辊压预处理栎木试材的弦向、径向和体积的全干干缩率和气干干缩率及干缩率的变化率见表 10.9。

**表 10.8　辊压预处理柞木试材的密度变异**

| 压缩方向 | 压缩率/% | 压缩次数 | 全干密度/(g/cm³) | 变化率/% | 气干密度/(g/cm³) | 变化率/% | 基本密度/(g/cm³) | 变化率/% |
|---|---|---|---|---|---|---|---|---|
| 径向压缩(弦切板) | 10 | 1 | 0.6453 | 1.41 | 0.6865 | 2.39 | 0.5835 | 0.92 |
| | | 4 | 0.6506 | 2.25 | 0.6990 | 4.25 | 0.5879 | 1.68 |
| | | 9 | 0.6585 | 3.49 | 0.6914 | 3.12 | 0.5833 | 0.88 |
| | 20 | 1 | 0.6508 | 2.28 | 0.6895 | 2.83 | 0.5872 | 1.56 |
| | | 4 | 0.6586 | 3.50 | 0.6971 | 3.97 | 0.5898 | 2.01 |
| | | 9 | 0.6614 | 3.94 | 0.6982 | 4.13 | 0.5937 | 2.68 |
| | 30 | 1 | 0.6572 | 3.28 | 0.6897 | 2.86 | 0.5981 | 3.44 |
| | | 4 | 0.6626 | 4.13 | 0.7006 | 4.49 | 0.5966 | 3.18 |
| | | 9 | 0.6619 | 4.02 | 0.7072 | 5.47 | 0.6008 | 3.91 |
| 弦向压缩(径切板) | 10 | 1 | 0.6472 | 1.71 | 0.6846 | 2.10 | 0.5844 | 1.07 |
| | | 4 | 0.6540 | 2.78 | 0.6838 | 1.98 | 0.5852 | 1.21 |
| | | 9 | 0.6585 | 3.49 | 0.7003 | 4.44 | 0.5911 | 2.23 |
| | 20 | 1 | 0.6546 | 2.87 | 0.6952 | 3.68 | 0.5880 | 1.69 |
| | | 4 | 0.6628 | 4.16 | 0.7057 | 5.25 | 0.5978 | 3.39 |
| | | 9 | 0.6664 | 4.73 | 0.7114 | 6.10 | 0.5973 | 3.30 |
| | 30 | 1 | 0.6731 | 5.78 | 0.7185 | 7.16 | 0.5955 | 2.99 |
| | | 4 | 0.6782 | 6.58 | 0.7142 | 6.52 | 0.5998 | 3.74 |
| | | 9 | 0.6775 | 6.47 | 0.7176 | 7.02 | 0.6043 | 4.60 |
| 对照样 | | | 0.6363 | | 0.6705 | | 0.5782 | |

表 10.9 中可见，柞木试材经过辊压预处理后，弦向、径向和体积的全干干缩率和气干干缩率均大于对照样；全干干缩弦向、径向和体积干缩率的变化率范围分别为 1.61%~9.63%、1.04%~10.42%和 4.12%~13.13%，气干干缩对应的干缩率的变化率范围分别是 1.67%~11.17%、1.64%~9.15%和 1.61%~10.71%。当压缩方向和压缩率相同时，三种干缩率随着压缩次数的增加而有增大的趋势；当压缩方向和压缩次数相同时，干缩率随着压缩率的增加而有增大的趋势；这一表现，与密度的变异规律是一致的。

线干缩率的变化率因压缩方向而异，压缩方向的干缩率变化大于非压缩方向，如弦向压缩(径切板)试材弦向干缩率的变化率大于径向，而径向压缩(弦切板)试材径向干缩率的变化率大于弦向；同时，弦向压缩的体积干缩率的变化率大于径向压缩。

表 10.9　辊压预处理样木试材的干缩率及变化率

（单位：%）

| 压缩方向 | 压缩率/% | 压缩次数 | 全干干缩 | | | | | | 气干干缩 | | | | | |
|---|---|---|---|---|---|---|---|---|---|---|---|---|---|---|
| | | | 弦向干缩率 | 变化率 | 径向干缩率 | 变化率 | 体积干缩率 | 变化率 | 弦向干缩率 | 变化率 | 径向干缩率 | 变化率 | 体积干缩率 | 变化率 |
| 径向压缩（弦切板） | 10 | 1 | 10.15 | 1.91 | 5.93 | 2.95 | 16.41 | 4.12 | 7.95 | 2.05 | 4.39 | 3.05 | 13.01 | 4.75 |
| | | 4 | 10.17 | 2.11 | 6.07 | 5.38 | 16.85 | 6.92 | 8.07 | 3.59 | 4.48 | 5.16 | 13.15 | 5.88 |
| | | 9 | 10.33 | 3.71 | 6.12 | 6.25 | 16.92 | 7.36 | 8.30 | 6.55 | 4.59 | 7.75 | 13.53 | 8.94 |
| | 20 | 1 | 10.49 | 5.32 | 6.24 | 8.33 | 17.07 | 8.31 | 8.25 | 5.91 | 4.52 | 6.10 | 13.39 | 7.81 |
| | | 4 | 10.62 | 6.63 | 6.15 | 6.77 | 17.12 | 8.63 | 8.04 | 3.21 | 4.47 | 4.93 | 13.59 | 9.42 |
| | | 9 | 10.54 | 5.82 | 6.17 | 7.12 | 17.04 | 8.12 | 8.33 | 6.93 | 4.65 | 9.15 | 13.44 | 8.21 |
| | 30 | 1 | 10.14 | 1.81 | 6.06 | 5.21 | 17.16 | 8.88 | 8.22 | 5.52 | 4.46 | 4.69 | 13.31 | 7.17 |
| | | 4 | 10.63 | 6.73 | 6.36 | 10.42 | 17.10 | 8.50 | 8.34 | 7.06 | 4.60 | 7.98 | 13.49 | 8.62 |
| | | 9 | 10.84 | 8.84 | 6.14 | 6.60 | 17.34 | 10.03 | 8.47 | 8.73 | 4.64 | 8.92 | 13.67 | 10.06 |
| 弦向压缩（径切板） | 10 | 1 | 10.15 | 1.91 | 5.89 | 2.26 | 16.96 | 7.61 | 7.92 | 1.67 | 4.39 | 3.05 | 12.62 | 1.61 |
| | | 4 | 10.12 | 1.61 | 6.01 | 4.34 | 16.58 | 5.20 | 8.07 | 3.59 | 4.33 | 1.64 | 13.26 | 6.76 |
| | | 9 | 10.44 | 4.82 | 5.93 | 2.95 | 16.85 | 6.92 | 8.06 | 3.47 | 4.35 | 2.11 | 12.87 | 3.62 |
| | 20 | 1 | 10.17 | 2.11 | 5.82 | 1.04 | 16.47 | 4.51 | 7.99 | 2.57 | 4.42 | 3.78 | 13.24 | 6.60 |
| | | 4 | 10.56 | 6.02 | 6.07 | 5.38 | 16.50 | 4.70 | 8.18 | 5.01 | 4.41 | 3.52 | 13.40 | 7.89 |
| | | 9 | 10.74 | 7.83 | 6.13 | 6.42 | 17.38 | 10.28 | 8.47 | 8.73 | 4.58 | 7.51 | 13.59 | 9.42 |
| | 30 | 1 | 10.34 | 3.82 | 6.20 | 7.64 | 17.01 | 7.93 | 8.43 | 8.22 | 4.54 | 6.57 | 13.58 | 9.34 |
| | | 4 | 10.77 | 8.13 | 6.04 | 4.86 | 17.66 | 12.06 | 8.66 | 11.17 | 4.47 | 4.93 | 13.62 | 9.66 |
| | | 9 | 10.92 | 9.63 | 6.25 | 8.51 | 17.83 | 13.13 | 8.51 | 9.24 | 4.60 | 7.98 | 13.75 | 10.71 |
| 对照样 | | | 9.96 | | 5.76 | | 15.76 | | 7.79 | | 4.26 | | 12.42 | |

### 10.2.2.3　辊压预处理对力学性质的影响

辊压处理材力学强度与对照样的差值占对照样的百分率,定义为力学强度变化的变化率,用以分析辊压预处理对柞木木材力学性质的影响。表 10.10 中列出了木材五种主要力学性质辊压处理后的数值及变化率。

柞木径切板和弦切板试材经过辊压处理后,主要力学性能均发生了变化,表中显示,在低压缩率和较少压缩次数时,试材的力学强度略有增加,但随着压缩率和压缩次数的增加,五种力学强度值均有所下降。压缩方向和压缩率相同时,力学强度随着压缩次数的增加而逐渐减小,如对于顺纹抗压强度,径向压缩和 20%压缩率时,压缩 1 次、4 次和 9 次对应的变化率分别为-4.29%、-8.61%和-10.59%;压缩方向和压缩次数相同时,力学强度值随着压缩率的增大而逐渐减少,如对于抗劈力,弦向压缩和压缩 4 次时,压缩率 10%、20%和 30%对应的变化率分别是4.11%、-7.08%和-9.92%。不考虑压缩方向,顺纹抗压强度的变化率为-13.01%～6.56%,顺纹抗剪强度的变化率为-14.17%～4.67%,抗劈力的变化率为-15.54%～4.11%,抗弯强度的变化率为-12.29%～6.42%,抗弯弹性模量的变化率为-20.17%～4.59%;相同辊压预处理工艺条件下,抗弯弹性模量的力学损失最大。

另外,力学强度的变化因压缩方向而异,径向压缩(弦切板)引起的力学损失大于弦向压缩(径切板),柞木中的木射线丰富发达,是木材构造中力学强度最薄弱的区域,在辊压压缩时,对于弦切板,外力方向平行于木射线细胞的纵向,而对于径切板,外力方向垂直于木射线细胞的纵向,在本研究中的含水率状态下(47%～55%),当施力方向平行于木射线细胞的纵向时,可将细胞压溃,而垂直于纵向时,仅能将细胞横向压扁,木材是黏弹性材料,横向压扁的细胞可部分或全部回复,而压溃细胞的回复是困难的。研究中已观察到这一现象,在压缩率 30%和 9 次压缩的情况下,个别弦切板试材的端面出现细小的宏观裂隙,而裂隙正是沿着木射线的走向发生的。

## 10.2.3　小结

(1)柞木径切板和弦切板试材经过辊压预处理后,高频真空干燥时的干燥速率均大于未处理材;压缩方向和压缩率相同时,干燥速率随压缩次数的增加而增大,并逐渐收窄,压缩方向和压缩次数相同时,干燥速率随压缩率的增加而增大,干燥速率的变化率在 7.78%～29.88%之间;柞木板材经过辊压预处理后,高频真空干燥的干燥时间可缩短 7.22%～21.97%。

(2)辊压预处理柞木试材的密度和干缩率均大于对照样,密度和干缩率的变化率分别为 0.88%～6.58%和 1.04%～13.13%;在压缩方向和压缩率相同时,密度和

表10.10　辊压预处理样木试材的力学强度和变化率

| 压缩方向 | 压缩率/% | 压缩次数 | 顺纹抗压强度/MPa | 变化率/% | 顺纹抗剪强度/MPa | 变化率/% | 抗劈力/(N/mm) | 变化率/% | 抗弯强度/MPa | 变化率/% | 抗弯弹性模量/GPa | 变化率/% |
|---|---|---|---|---|---|---|---|---|---|---|---|---|
| 径向压缩（弦切板） | 10 | 1 | 63.78 | 4.40 | 13.15 | 0.15 | 21.87 | 2.97 | 142.72 | 4.35 | 12.76 | -0.62 |
| | 10 | 4 | 62.39 | 2.13 | 13.18 | 0.38 | 20.60 | -3.01 | 138.26 | 1.09 | 12.25 | -4.60 |
| | 10 | 9 | 60.45 | -1.05 | 12.17 | -7.31 | 20.86 | -1.79 | 129.68 | -5.18 | 12.08 | -5.92 |
| | 20 | 1 | 58.47 | -4.29 | 12.79 | -2.59 | 21.53 | 1.37 | 130.84 | -4.34 | 12.12 | -5.61 |
| | 20 | 4 | 55.83 | -8.61 | 12.95 | -1.37 | 19.65 | -7.49 | 126.73 | -7.34 | 11.42 | -11.06 |
| | 20 | 9 | 54.62 | -10.59 | 11.98 | -8.76 | 19.06 | -10.26 | 124.50 | -8.79 | 11.05 | -13.94 |
| | 30 | 1 | 55.05 | -9.89 | 12.26 | -6.63 | 19.40 | -8.66 | 130.79 | -4.37 | 10.71 | -16.59 |
| | 30 | 4 | 53.14 | -13.01 | 11.53 | -12.19 | 18.56 | -12.62 | 121.48 | -11.18 | 10.96 | -14.64 |
| | 30 | 9 | 53.23 | -12.87 | 11.27 | -14.17 | 17.94 | -15.54 | 120.11 | -12.18 | 10.25 | -20.17 |
| | 对照样 | | 61.09 | | 13.13 | | 21.24 | | 136.77 | | 12.84 | |
| 弦向压缩（径切板） | 10 | 1 | 65.10 | 6.56 | 15.25 | 4.67 | 17.05 | 3.15 | 150.42 | 6.42 | 14.35 | 4.59 |
| | 10 | 4 | 61.95 | 1.41 | 15.01 | 3.02 | 17.21 | 4.11 | 144.94 | 2.55 | 13.77 | 0.36 |
| | 10 | 9 | 61.37 | 0.46 | 13.79 | -5.35 | 16.17 | -2.18 | 145.33 | 2.82 | 13.58 | -1.02 |
| | 20 | 1 | 57.74 | -5.48 | 14.17 | -2.75 | 15.93 | -3.63 | 136.47 | -3.45 | 12.87 | -6.20 |
| | 20 | 4 | 58.29 | -4.58 | 13.89 | -4.67 | 15.36 | -7.08 | 130.51 | -7.66 | 12.94 | -5.69 |
| | 20 | 9 | 56.87 | -6.91 | 13.50 | -7.34 | 15.32 | -7.32 | 129.08 | -8.67 | 12.07 | -12.03 |
| | 30 | 1 | 56.99 | -6.71 | 13.11 | -10.02 | 15.35 | -7.14 | 133.44 | -5.59 | 12.14 | -11.52 |
| | 30 | 4 | 56.46 | -7.58 | 13.56 | -6.93 | 14.89 | -9.92 | 127.21 | -10.00 | 11.80 | -13.99 |
| | 30 | 9 | 55.42 | -9.28 | 12.91 | -11.39 | 14.55 | -11.98 | 123.97 | -12.29 | 11.36 | -17.20 |
| | 对照样 | | 61.09 | | 14.57 | | 16.53 | | 141.34 | | 13.72 | |

干缩率的变化率随压缩次数的增加而有增大的趋势，在压缩方向和压缩次数相同时，二者的变化率随压缩率的增加而有增大的趋势。

(3)随着压缩率和压缩次数的增加，木材的力学强度下降；压缩方向和压缩率相同时，力学强度随着压缩次数的增加而逐渐减小，压缩方向和压缩次数相同时，力学强度随着压缩率的增大而逐渐减少；五种力学强度的变化率为：顺纹抗压强度–13.01%～6.56%，顺纹抗剪强度–14.17%～4.67%，抗劈力–15.54%～4.11%，抗弯强度–12.29%～6.42%，抗弯弹性模量–20.17%～4.59%。

# 第11章 结　　论

辊压法处理木材是一种全新的木材防护浸注技术，它以湿材或生材为处理对象，以水为浸注药剂的载体，木材浸注处理前无须干燥过程，辊压浸注设备结构简单，操作安全、方便，生产效率有大幅度的提高，可以通过调整压缩率等工艺措施来达到相应的浸注效果。

本书在常温和防腐药剂液面下，从两个压缩方向（径、弦向）和五种压缩率（10%～50%）对大青杨、杉松冷杉、柞木进行了辊压法处理。对辊压处理材的物理力学性质、动态热机械性质、防腐性能、增强性能、形体变化规律、超微结构特征、含水率下降速率及辊压处理过程中的工艺特性进行了较为系统的研究，本研究的创新点是：①该项技术的效率远高于传统方法；②在木材微观构造改变（纹孔膜破裂、细胞壁裂隙）和"负压吸液"效应的协同作用下，使改性药剂注入木材，并对改性效能进行评价。

本书的研究结论如下：

（1）辊压处理材的全干、气干和基本密度有所增加，气干密度增加的幅度最大，密度变异与压缩方向无明显相关，随着压缩率的增大，三种密度有增加的趋势，密度变化的比率小于5%；辊压处理材的径向、弦向和体积的气干和全干干缩系数随着压缩率的增大，逐渐增大，弦向压缩引起的干缩系数的变化大于径向压缩，干缩系数变化的比率的变动范围在−3.448%～23.678%之间。辊压处理材厚度方向尺寸变小，宽度方向尺寸变大；体积变化百分率的范围在−3.019%～0.329%之间，随着压缩率的增大，有进一步变化的趋势。

（2）对于顺纹抗压、抗剪和抗拉强度，弦向压缩导致的力学损失大于径向压缩；对于抗弯强度、抗弯弹性模量和冲击韧性，压缩方向上的力学损失大于与其相垂直的方向；辊压处理法对平行纹理方向的力学性质（顺纹抗压和抗拉强度）影响较小，力学强度变化的比率范围为2.391%～−11.535%，垂直纹理方向的力学性质（横纹抗拉强度、抗劈力和顺纹抗剪强度）次之，力学强度变化的比率范围为−0.217%～−16.877%，对抗弯强度、抗弯弹性模量和冲击韧性影响较大，力学强度变化的比率范围为4.417%～−28.929%。

（3）辊压浸注处理时，辊压结束瞬间板材的含水率随压缩率的增大而减小；水中浸泡时间对板材含水率的影响弦向压缩大于径向压缩；随着浸泡时间的延长，含水率有所增加，短时间内仍小于辊压处理前饱水时的水平。辊压处理材气干时的含水率小于辊压处理前，径、弦向压缩的差异不大，变化的比率约–10%；辊压处理材饱水时的含水率大于辊压处理前，径、弦向压缩差异明显，同一压缩率下，弦向压缩高出径向压缩 13.428%～22.405%。随着压缩率的增大，气干和饱水含水率变化的比率均有增大的趋势。通过延长浸泡时间和增加辊压次数等措施能明显改善药剂对木材的渗透性能，随着浸泡时间的延长和辊压次数的增加，浸注深度增大；在压缩方向的浸注深度大于与其相垂直的方向；随着压缩率的增大，浸注深度增加的趋势渐缓。

(4) 辊压处理大青杨试材干燥过程中含水率下降速度加快，不同压缩率试材干燥到含水率 10%时所消耗的时间均少于素材，压缩率为 50%时的试材节省的干燥时间为 20%以上。随着压缩率的增大，对水分传递和疏导的改善作用愈加明显。在常规蒸汽干燥的 6 个阶段和干燥全程，辊压预处理柞木试材的干燥速率均大于未处理材，以试材初含水率 50%、终含水率 15%计算，辊压预处理材的全程干燥时间均少于未处理材，弦向压缩径切板干燥时间缩短 6.67%～23.64%，径向压缩弦切板缩短 4.55%～13.02%。

(5) 辊压处理材的相对结晶度略高于素材，径向压缩辊压处理材相对结晶度变化的比率小于 6%，弦向压缩小于 5%，变化程度均小于 2.327%；相对结晶度变化的原因是从结晶区到无定形区过渡区域内的部分纤维素分子链重新排列所致。辊压处理材的储能模量和损耗角正切分别小于和大于素材，随着压缩率的增大，二者有逐渐减小和增加的趋势；同一压缩率下，在压缩方向的储能模量和损耗角正切降低和增加的幅度大于与其相垂直的方向。分析认为，辊压处理材的纤维素、半纤维素和木质素的含量没有明显变化。

(6) 辊压处理后，导管分子管间纹孔上的纹孔膜均有破坏的现象，没有发现胞壁上的纹孔被压溃及损伤的迹象。导管分子胞壁上存在明显的平行于导管轴方向的线条状的褶皱痕迹；随着压缩率的增大，褶皱痕迹的深度和宽度明显变大，且折痕回复到压缩以前的平滑面的趋势变小；在木纤维分子胞壁上观察到了同样的现象，但皱褶的痕迹较轻。随着压缩率的增大，逐渐观察到部分导管和木纤维分子的胞壁和胞间层上存在着因挤压而形成的裂隙及木射线间出现的裂隙。研究认为，瞬间的挤压造成纹孔膜的破裂和在胞壁和各类胞间层上形成的裂隙是辊压处理材含水率变异的根本原因。

(7) 辊压法对木材进行药剂浸注处理，通过压缩率等工艺措施的调整，不但处理材的防腐性能能够满足相应的耐腐等级要求，而且防腐处理材的浸注深度和载药量也能适应户内外用材的防腐需要。30%压缩率浸注处理材的浸注深度即能达到国家林业行业标准《防腐处理木材的使用分类和要求》中户外防腐用材 C3 类的防腐要求；10%压缩率的 DDAC 载药量即达到 C3 类的要求，30%压缩率的硼化物载药量能到达 C1 类的防腐要求。辊压处理材达到相同防腐处理效果的载药量不但比传统处理法真空-加压法节约用药量 1/3 左右，而且处理的时间大幅度缩减，生产效率明显提高。

(8)使用脲醛和酚醛两种浸渍树脂对大青杨实施辊压浸注处理，脲醛树脂的增重率在 0.85%～12.92%之间，浸注酚醛树脂的增重率在 2.01%～15.16%之间。与未处理材相比，辊压浸注脲醛树脂处理材的硬度提高了 1.63%～11.32%，耐磨性提高了 3.80%～21.77%，抗弯强度提高了 5.16%～19.08%，抗弯弹性模量提高了 4.20%～15.65%，冲击韧性提高了 2.66%～15.50%；浸注酚醛树脂处理材以上五种指标依次提高了 4.21%～11.89%、3.11%～23.17%、7.60%～19.85%、6.46%～16.32%和4.81%～14.78%。

(9)对杉松冷杉试材进行防腐剂辊压浸注和常温常压浸泡处理，辊压浸注法的载药量高于浸泡法，提高了133.33%～224.24%；前者防治效力比后者提高了 25 个百分点以上，当辊压浸注工艺为压缩率 10%、药剂质量分数 1.0%、弦向压缩、压缩 4 次时，试材的防治效力达到最大值 81.97%，可可球二孢真菌在空白样、浸泡法和辊压浸注法试材中的发展顺序呈现由旺盛到纤弱、由充满细胞腔到局部存在的态势，与试材表面和内部的宏观特征表现一致。

辊压浸注法是在防腐剂液面下，通过对木材瞬间的压缩和木材回弹形成的负压作用将防腐剂吸入木材，需要通过调整压缩率、防腐剂浓度、木材含水率和浸泡时间等措施来满足不同的载药量和浸注深度的要求；辊压浸注法，不但填补了常压法和加压法之间防腐处理程度和水平的空白，而且使防腐处理的效率有大幅度的提高。展望未来的工作，还将对以有机溶剂作为载体的油溶性防护药剂和其他树种展开辊压浸注法的相关研究。相信通过共同努力，辊压浸注方法会得到进一步的研究、推广和应用。

# 参 考 文 献

[1] 李坚. 木材科学(第 2 版)[M]. 北京: 高等教育出版社, 2002: 286-303.

[2] 里查德松. 木材防腐[M]. 王传槐等译. 北京: 中国林业出版社, 1982: 4-23.

[3] 周慧明. 木材防腐[M]. 北京: 中国林业出版社, 1991: 181-199.

[4] 申宗圻. 木材学[M]. 北京: 中国林业出版社, 1993: 252-259.

[5] 王恺. 木材工业实用大全·木材保护卷[M]. 北京: 中国林业出版社, 2001: 109-121.

[6] 董永祺. 木电线杆上手糊 FRP[J]. 建材工业信息, 1995, 2: 19-20.

[7] 陈允适. 木材的气相硼处理——木材防腐处理新方法[J]. 木材工业, 1994, 8(4): 41-44.

[8] 杨文斌, 吴纯初, 苗平, 等. 木材纵向气体渗透性研究[J]. 福建林业科技, 2000, 27(1): 22-24.

[9] 侯祝强, 任海青. 木材气体渗透系数测量的分析[J]. 安徽农业大学学报, 2000, 27(1): 55-58.

[10] 鲍甫成, 胡荣, 谭鸥, 等. 木材流体渗透性及影响其因子的研究[J]. 林业科学, 1984, 20(3): 277-289.

[11] 鲍甫成, 胡荣. 泡桐木材流体渗透性与扩散性的研究[J]. 林业科学, 1990, 26(3): 239-246.

[12] 吕建雄, 鲍甫成, 姜笑梅, 等. 3 种不同处理方法对木材渗透性影响的研究[J]. 林业科学, 2000, 36(4): 67-76.

[13] 鲍甫成, 吕建雄, 赵有科. 长白鱼鳞云杉木材纹孔塞不同位置对渗透性的影响[J]. 植物学报, 2001, 43(2): 119-126.

[14] 唐晓淑, 罗文圣, 赵广杰. 东北地区几种主要木材的液体渗透性[J]. 北京林业大学学报, 2000, 22(5): 86-90.

[15] 吴玉章, 松井宏昭, 片冈厚. 酚醛树脂对人工林杉木木材的浸注性及其改善的研究[J]. 林业科学, 2003, 39(6): 136-140.

[16] 侯祝强, 鲍甫成. 木材可压缩流体的流动型态分析[J]. 林业科学, 1999, 35(3): 63-68.

[17] 许忠坤, 徐清乾, 廖正乾. 微生物对杉木木材渗透性的影响[J]. 湖南林业科技, 2003, 30(4): 12-14.

[18] Demessie E S, Hassan A, Levien K L, et al. Supercritical carbon dioxide treatment: effect on permeability of Douglas-fir heartwood[J]. Wood and Fiber Science, 1995, 27(3): 296-300.

[19] Morrell J J, et al. 木材防腐新工艺的开发[J]. Wood Preservation in the 90's and Beyond, 1995: 135-141.

[20] 森下滋. シンポジウム「木材への注入性向上技術」の紹介[J]. 木材工业, 1993, 48(7): 332-334.

[21] 安藤惠介, 中村彰, 服部順昭, 他. 木材のレーザインサイジングー柱材への防腐薬剤の注入[J]. 木材工业, 1993, 48(7): 314-319.

[22] 中嶋恒. 木材激光刻痕: 脉冲激光照射次数对孔形状的影响[C]. 东京: 第 49 回日本木材学会大会研究發表要旨集, 1999, 4: 158-163.

[23] 罗雯, 王天龙, 姜恩来, 等. 木材内部微爆破处理对杨木干燥速率的影响[J]. 木材加工机械, 2010, (6): 19-21, 18.

[24] 肖雪芹, 苗平, 王晓敏. 爆破处理对赤桉板材干燥速度的影响[J]. 干燥技术与设备, 2010, 8(5): 224-228.

[25] 苗平, 薛伟, 徐柏森. 蒸汽爆破预处理对柞木微观结构的影响[J]. 林业科技开发, 2007, 21(4): 51-53.

[26] 苗平, 庄寿增, 刘彬, 等. 蒸汽爆破预处理对柞木地板坯料干燥速率的影响[J]. 木材工业, 2007, 21(3): 39-41.

[27] 苗平, 庄寿增, 刘进, 等. 蒸汽爆破处理对板材渗透性的影响[J]. 南京林业大学学报, 2007, 31(3): 39-42.

[28] 酒井 温子. 圧縮法による難浸透性木材への液体注入(第 3 報)－大型気乾材への圧縮処理と加圧式注入処理[J]. 木材工業, 1994, 49(12): 604-609.

[29] 飯田生穂. 薬剤浸透処理木材的研究[J]. 木材保存, 1994, 20(6): 19-24.

[30] 安武温子. 用压缩法注入药剂提高防腐性能[J]. 業務報告, 1995, 23(1): 26-30.

[31] 苗平, 顾炼百. 马尾松木材在高温干燥中的水分扩散性[J]. 林业科学, 2002, 38(2): 103-107.

[32] Flynn K A, Goodell B S. Efficacy of pressure treating Northeastern red Spruce with CCA using the pulsation process[J]. Forest Product Journal, 1994, 44(10): 47-49.

[33] Flynn K A, Goodell B S. Physical Effects of the pulsation preservative treatment process on Northeastern red Spruce ( *Picea Rubens*. Sarg. ) [J]. Forest Product Journal, 1996, 46(1): 56-62.

[34] Militz H. 经酶制剂、碱和草酸盐处理云杉(*Picea abies* L. Karst. )木材微观构造的变化[J]. Holzforschung und Holzverwertung, 1993, 45(3): 50-53.

[35] Militz H. Enzymatische Behandlungen von Fichtenrund-und Schnittholz zur Verbesserung der Tränkbarkei[J]t. Holz Roh-w, 1993, 51(5): 339-346.

[36] Despot R. 用细菌作用改善冷杉木的渗透性[J]. Drvna ind, 1993, 44(1): 5-14.

[37] Dai S. 采用一种微生物过程改善木材渗透性: 柳杉原木中的微生物生态环境及下池之后柳杉木材试样的纹孔膜的变化[J]. IAWA, 1998, 19(4): 446-453.

[38] 许忠坤, 徐清乾, 廖正乾. 微生物对杉木木材渗透性的影响[J]. 湖南林业科技, 2003, 30(4): 12-14.

[39] Nair H U, Simonsen J. The Pressure Treatment of Wood with Sonic Waves[J]. Forest Product Journal, 1995, 45(9): 59-64.

[40] Wheat, Kevin C. Curtis, Raghunath S, et al. Ultrasonic energy in conjunction with the double-diffusion treating technique[J]. Forest Product Journal, 1996, 46(1): 43-47.

[41] Xic. C. J. N. Ruddick. Fixation of ammoniacal copper presevatives: reaction of vanillin, lignin mode compound with ammoniacal copper sulphate[J]. Holzforschung, 1995, 49(5): 483-490.

[42] L. Jin, A. F. Preston. The interaction of wood preservatives with lignocellulosic substrates[J]. Holzforschung, 1991, 45(6): 455-459.

[43] Kumar S, et al. 湿木材的处理: 快速变动法[J]. Journal of the T. D. A, 1996, 42(4): 5-9.

[44] 刘一星. 木材视觉环境学[M]. 哈尔滨: 东北林业大学出版社, 1994.

[45] 李坚. 木材科学新篇[M]. 哈尔滨: 东北林业大学出版社, 1991: 169-179.

[46] 李坚. 木材保护学[M]. 哈尔滨: 东北林业大学出版社, 1999: 86-88.

[47] H Gunzerodt, JCF Walker, K Whybrew. Compression rolling and hot-water soaking: effects on the drying and treatability of Nothofagus fusca heartwood[J]. New Zealand Journal of Forestry Science, 1986, 16(2): 223-236.

[48] 吴玉章, 黑须博司, 伊腾贵文. 辊压预处理改善树脂浸注的均匀性[J]. 东北林业大学学报, 2005, 33 (1): 23-24, 40.

[49] Koji Adachi, Masafumi Inoue, Kozo Kanayama, et al. Water removal of wet veneer by roller pressing[J]. Journal of Wood Science, 2004, 50: 479-483.

[50] H Gunzerodt, JCF Walker, K Whybrew. Compression rolling of sitka spruce and douglas-fir[J]. Forest Products Journal, 1988, 38(2): 16-18.

[51] GV Berzin's, MS Movnin, AE Ziemelis , et al. On rolling of wood treated with ammonia[J]. Holztechnologie, 1972, 13(4): 209-216.

[52] 科尔曼, 科泰. 木材学与木材工艺学原理——实体木材[M]. 江良游等译. 北京: 中国林业出版社, 1991: 320-322.

[53] 尹思慈. 木材学[M]. 北京: 中国林业出版社, 1996: 171-177.

[54] 刘一星, 则元京, 师冈淳郎. 木材横纹压缩大变形应力-应变关系的定量表征[J]. 林业科学, 1995, 31(5): 436-441.

[55] 刘君良, 江泽慧, 许忠允, 等. 人工林软质木材表面密实化新技术[J]. 木材工业, 2002, 16(1): 20-22, 28.

[56] 方桂珍, 刘一星, 崔永志, 等. 低分子量 MF 树脂固定杨木压缩木回弹技术的初步研究[J]. 木材工业, 1996, 10(4): 18-21.

[57] 刘君良, 江泽慧, 孙家杰. 酚醛树脂处理杨树木材物理力学性能测试[J]. 林业科学, 2002, 38(4): 176-180.

[58] 刘君良, 李坚, 刘一星. PF 预聚物处理固定木材压缩变形的机理[J]. 东北林业大学学报, 2000, 28(4): 16-20.

[59] 孙耀星, 刘一星, 方桂珍. 浅谈辊压法木材防护浸注技术[J]. 林产工业, 2005, 32(2): 8-10, 14.

[60] 王逢瑚. 木质材料流变学[M]. 哈尔滨: 东北林业大学出版社, 1997, 5-7.

[61] 尹思慈. 木材学[M]. 北京: 中国林业出版社, 1996: 171-177.

[62] 刘一星, 赵广杰. 木材学(第 2 版)[M]. 北京: 中国林业出版社, 2012: 68-72.

[63] 任宁. 木材显微构造特征参数的数字化测量方法[D]. 哈尔滨: 东北林业大学, 2004.

[64] Page D R. 杨树木材的防腐处理[J]. 山东林业科技, 1999, 3: 18-25.

[65] 刘一星. 中国东北地区木材性质与用途手册[M]. 北京: 化学工业出版社, 2004: 61-64.

[66] 陈柏林. 生物电子显微镜观察与分析[M]. 哈尔滨: 东北林业大学出版社, 1997: 1-9.

[67] 马永轩, 王得洪, 方桂珍. 采用分峰法确定鱼鳞松木材纤维素的晶胞参数[J]. 东北林业大学学报, 1989, 17(1): 58-64.

[68] 李坚. 木材波谱学[M]. 北京: 科学出版社, 2003: 14-31.

[69] 阮锡根, 尹思慈, 孙成志. 应用 X 射线衍射-(002)衍射弧法——测定木材纤维次生壁的微纤丝角[J]. 林业科学, 1982, 18(1): 64-70.

[70] 谢国恩, 孙成志, 阮锡根, 等. 应用 X 射线衍射测定木材纤维的超微结构[J]. 南京林学院学报, 1985, (3): 61-67.

[71] 梁永信, 马永轩, 王得洪. X 射线衍射法研究木材纤维结晶度[J]. 东北林业大学学报, 1986, 14(增刊): 12-15.

[72] Yalinkilic M K. Enhancement of biological and physical properties of wood by boric acid-vinyl monomer combination treatment[J]. Holzforschung, 1998, 52(6): 667-672.

[73] Pizzi A. A new boron fixation mechanism for environment friendly wood preservatives[J]. Holzforschung, 1996, 50(6): 507-510.

[74] Michell A J. FTIR studies of sludges from copper-chrome-arsenic wood preservateivs formulation[J]. Holzforschung, 1995, 49(3): 217-221.

[75] Lebow. Interactions of ammoniacal copper zinc arsenate(ACZA) with Douglas-Fir[J]. Wood and Fiber Science, 1995, 27 (2): 105-118.

[76] Baysal E, Yalinkilic M K. A new boron impregnation technique of wood by vapor boron of boric acid to reduce leaching boron from wood[J]. Wood Science and Technology, 2005, 39(3): 187-198.

[77] Barnes H M, Lindsey G B. Bending properties of wood treated with a new organic wood preservative system[J]. Bioresource Technogoly, 2009, 100(2) : 778-781.

[78] 高建东, 汪东杰, 黄晓丽. 道路石油沥青动态机械分析[J]. 东南大学学报, 2001, 3(3): 32-35.

[79] 高建成. 基于动态力学分析的大电动机绝缘老化诊断[J]. 中国电机工程学报, 2002, 22(5): 99-101.

[80] 成俊卿. 木材学[M]. 北京：中国林业出版社, 1985：626-627.

[81] 中国木材标准化技术委员会. 木材工业标准汇编：基础标准与方法标准[M]. 北京：中国标准出版社, 2002：380-385.

[82] Scalbert A, Cahill D, Dirol D, et al. A tannin/copper preservation treatment for wood[J]. Holzforschung, 1998, 52(2): 133-138.

[83] 陈玉和, 陆仁书. 木材染色进展[J]. 东北林业大学学报, 2002, 30(2): 84-86.

[84] 孙芳利, 段新芳, 冯得君. 木材染色的研究概况及发展趋势[J]. 西北林学院学报, 2003, 18(3): 96-98.

[85] 于志明, 赵立, 李文军. 木材染色过程中染液渗透机理的研究[J]. 北京林业大学学报, 2002, 24(1): 79-82.

[86] 马掌法, 王翔. 速生杉木酸性染料常规渗透性试验[J]. 林业科技开发, 2000, 14(3): 27-28.

[87] 朱长俊, 唐明, 陈辉. 华山松大小蠹体内外和坑道内蓝变真菌研究[J]. 西北农林科技大学学报(自然科学版), 2003, 31(5) : 83-86.

[88] 谢寿安, 吕淑杰, Shopf A, 等. 蓝变真菌引起的欧洲云杉木质部解剖学特征及纤维素酶活性的变化[J]. 林业科学, 2007, 43(6): 94-99.

[89] 刘媛, 罗建举, 项东云, 等. 马尾松木材防蓝变药剂实验室筛选试验[J]. 木材工业, 2014, 28(4): 21-23.

[90] 孙耀星, 方桂珍, 刘一星. 辊压浸注处理大青杨木材的防腐性能[J]. 东北林业大学学报, 2009, 37(8): 39- 41.

[91] 周明. 我国主要树种的木材(心材)天然耐腐性试验[J]. 林业科学, 1981, 17(2)：145-154.

[92] 李玉栋. 预防橡胶木蓝变和霉变的研究[J]. 林业科学, 2003, 39(4): 98-103.

[93] Levi W, Paul A C, Tony Y U. Prediction of long-term leaching potential of preservative-treated

wood by diffusion modeling[J]. Holzforschung, 2005, 59( 5) : 581-588.

[94] Barnes H M. Trends in the wood-treating industry [J]. Forest Product Journal, 1985, 35(1): 13-22.

[95] Toussaint-Dauvergne E, Soulounganga P, Gerardin P, et al. Glycerol/glyoxal: a new boron fixation system for wood preservation and dimensional stabilization[J]. Holzforschung, 2000, 54(4): 123-126.

[96] Haranzoa Magdalena, Blahoa Jozef. Changes of properties of black poplar wood after hydrothermal treatment[J]. Drevo, 1998, 53(6): 134-137.

[97] Radu Craciun. Characterization of CDDC (Copper dimethyldithiocarbamate) Treatment Wood[J]. Holzforschung, 1997, 51(5): 519-525.

[98] Xiao Y. Effect of IPBC/DDAC on spore germination and hyphal growth of the sapstaining fungus *Ophiostoma piceae*[J]. Holzforschung, 1999, 53(4): 237-243.

[99] 闫文涛, 孙耀星, 庞久寅, 等. 辊压浸注压缩次数对木材防腐性能和力学性能的影响[J]. 东北林业大学学报, 2015, 43(2): 70-74.

[100] 孙耀星, 刘一星. 辊压浸注处理大青杨木材的浸注深度[J]. 东北林业大学学报, 2007, 35(11): 32-33, 43.

[101] Kevin A. Flynn, Barry S. Goodell. Physical effects of the pulsation preservative treatment process on northeastern red spruce(*Picea Rubens*. Sarg. ) [J]. Forest Product Journal, 1996, 46(1): 56-62.

[102] Vinden P, Torgovnikov G. The physical manipulation of wood properties using microwave[C]. Proceeding of International Conference of IU FRO: The Future of Eucalypts for Wood Production, Tasmania, Australia, 2000, 240-247.

[103] Compere A L. High speed microwave treatment for rapid wood drying[C]. US Department of Energy, Forest Products Industry of the Future, 2005, 229-236.

[104] 周永东, Torgovnikov G, Vinden P, 等. 微波预处理加速阔叶树材干燥的技术分析[J]. 木材工业, 2011, 25(1): 23-25.